Projektportfolio Sustainability Monitor 2024

AF635960

GPM SCIENCE

Herausgegeben von der

GPM Deutsche Gesellschaft für Projektmanagement e. V.

Die Reihe *GPM SCIENCE* entstammt der Kooperation von UVK und der GPM Deutsche Gesellschaft für Projektmanagement e. V.

Die Herausgeber, Autoren und Studienverantwortlichen dieser Reihe zeichnen sich durch eine hohe Kompetenz in der Projektmanagementforschung aus. In den Bänden werden insbesondere Forschungs- und Studienergebnisse präsentiert. Dabei steht die Wissenschaft im Vordergrund. Leser dürfen sich demnach sowohl auf einen Wissenszuwachs als auch auf hochaktuelle Trendthemen freuen.

GPM Deutsche Gesellschaft für
Projektmanagement e. V.
Timm Eichenberg
Martina Peuser

Projektportfolio Sustainability Monitor 2024

Studie in der deutschen Unternehmenspraxis mit Fokus auf die UN Sustainable Development Goals

Hochschule Weserbergland, Hameln
Prof. Dr. Timm Eichenberg

Leibniz-Fachhochschule, Hannover
Prof. Dr. Martina Peuser

Unter Mitarbeit von
Micha Wolf

UVK

Umschlagabbildung: © Surasak Suwanmake iStockphoto

Bibliografische Information der Deutschen Nationalbibliothek
Die Deutsche Nationalbibliothek verzeichnet diese Publikation in der Deutschen Nationalbibliografie; detaillierte bibliografische Daten sind im Internet über http://dnb.dnb.de abrufbar.

Kontakt
Simon Staudigl
GPM Deutsche Gesellschaft für Projektmanagement e. V.
Am Tullnaupark 15
90402 Nürnberg

Hinweis:
Werden Personenbezeichnungen aus Gründen der besseren Lesbarkeit lediglich in der männlichen oder weiblichen Form verwendet, so schließt dies das jeweils andere Geschlecht mit ein.

DOI: https://doi.org/10.24053/9783381130627

© 2024 UVK Verlag
– Ein Unternehmen der Narr Francke Attempto Verlag GmbH + Co. KG
Dischingerweg 5 · D-72070 Tübingen

Das Werk einschließlich aller seiner Teile ist urheberrechtlich geschützt. Jede Verwertung außerhalb der engen Grenzen des Urheberrechtsgesetzes ist ohne Zustimmung des Verlages unzulässig und strafbar. Das gilt insbesondere für Vervielfältigungen, Übersetzungen, Mikroverfilmungen und die Einspeicherung und Verarbeitung in elektronischen Systemen.

Alle Informationen in diesem Buch wurden mit großer Sorgfalt erstellt. Fehler können dennoch nicht völlig ausgeschlossen werden. Weder Verlag noch Autor:innen oder Herausgeber:innen übernehmen deshalb eine Gewährleistung für die Korrektheit des Inhaltes und haften nicht für fehlerhafte Angaben und deren Folgen. Diese Publikation enthält gegebenenfalls Links zu externen Inhalten Dritter, auf die weder Verlag noch Autor:innen oder Herausgeber:innen Einfluss haben. Für die Inhalte der verlinkten Seiten sind stets die jeweiligen Anbieter oder Betreibenden der Seiten verantwortlich.

Internet: www.narr.de
eMail: info@narr.de

Druck und Bindung: Elanders Waiblingen GmbH

ISSN 2944-2389
ISBN 978-3-381-13061-0 (Print)
ISBN 978-3-381-13062-7 (ePDF)
ISBN 978-3-381-13063-4 (ePub)

MIX
Papier | Fördert gute Waldnutzung
FSC® C016368

Inhalt

Vorwort

Liebe Leserinnen und Leser,

wir freuen uns, Ihnen die vorliegende Studie zum „Projektportfolio Sustainability Monitor 2024" präsentieren zu dürfen. Diese umfassende Untersuchung, durchgeführt von Prof. Dr. Timm Eichenberg (Hochschule Weserbergland, Hameln) und Prof. Dr. Martina Peuser (Leibniz-Fachhochschule, Hannover) in Zusammenarbeit mit der GPM Deutsche Gesellschaft für Projektmanagement e. V., bietet wertvolle Einblicke in den aktuellen Stand der Integration von Nachhaltigkeitskriterien im Projektportfoliomanagement deutscher Unternehmen.

Unser besonderer Dank gilt den beiden Autoren, deren fachliche Expertise und Engagement maßgeblich zum Gelingen dieser Studie beigetragen haben. Auch möchten wir Micha Wolf für seine wertvolle Mitarbeit danken, sowie Simon Staudigl für die Übernahme der Koordination im PMO der GPM.

In einer Zeit, in der Nachhaltigkeit und Umweltschutz zu den zentralen Herausforderungen unserer Gesellschaft zählen, bietet diese Studie wertvolle Einblicke und praxisnahe Empfehlungen. Sie beleuchtet, wie Unternehmen Nachhaltigkeitsüberlegungen in ihre Projektmanagementprozesse integrieren und welche Rolle die SDGs dabei spielen. Mit einer detaillierten Analyse und fundierten Ergebnissen zeigt die Untersuchung auf, welche Fortschritte bereits erzielt wurden und wo noch Handlungsbedarf besteht.

Die „Projektportfolio Sustainability Monitor 2024"-Studie untersucht den Status quo der Berücksichtigung von Nachhaltigkeit als Kriterium im Projektportfoliomanagement deutscher Unternehmen. Im Fokus steht dabei insbesondere die Integration der UN Sustainable Development Goals (SDGs).

Durch die Befragung von 224 Unternehmensvertretern aus verschiedenen Branchen bietet die Studie einen umfassenden Überblick über die aktuelle Praxis und die Herausforderungen im Zusammenhang mit nachhaltigem Projektmanagement.

Die Ergebnisse der Studie verdeutlichen, dass die Integration von Nachhaltigkeit in das Projektportfoliomanagement in deutschen Unternehmen grundsätzlich Fortschritte macht, sich aber insbesondere bei Umfang und Tiefe Unterschiede herauskristallisieren. Unternehmen sind gefordert, ihre Ansätze weiterzuentwickeln, um den steigenden, externen Anforderungen von Gesetzgebungen und Kunden zu entsprechen. Die vorliegende Untersuchung bietet wertvolle Einblicke sowie zentrale Handlungsempfehlungen, die Unternehmen dabei unterstützen können, ihre Praktiken in Bezug auf Nachhaltigkeitskriterien weiter zu optimieren und unterschiedlichste Anforderungen zu erfüllen.

Wir laden Sie ein, sich von den Ergebnissen der Studie nicht zuletzt bei der strategischen Projekt- und Unternehmensplanung inspirieren zu lassen und hoffen, dass diese Studie Ihnen wertvolle Impulse für Ihre eigenen Projekte und Strategien liefert und dazu beiträgt, die nachhaltige Entwicklung in Ihrem Unternehmen weiter voranzutreiben.

Prof. Dr. Peter Thuy
Präsident GPM Deutsche Gesellschaft für Projektmanagement e. V.

Management Summary

Diese Studie untersucht, wie deutsche Unternehmen Nachhaltigkeitsüberlegungen in ihre Projektmanagementprozesse integrieren, insbesondere in Bezug auf das Projektportfoliomanagement. Ziel ist es zu erfassen, welche Bedeutung Nachhaltigkeitskriterien in der Projektselektion und -priorisierung haben und wie sich dies in der Einbindung der UN Sustainable Development Goals (SDGs) sowie in der Einhaltung relevanter Nachhaltigkeitsgesetze widerspiegelt.

Angesichts der zunehmenden globalen Fokussierung auf Nachhaltigkeit und der Einführung entsprechender gesetzlicher Rahmenbedingungen ist es für Unternehmen wesentlich, effektive Ansätze zur Integration von Nachhaltigkeit auch im Projektportfoliomanagement zu entwickeln. Die Studie bietet wichtige Einblicke, die Unternehmen dabei unterstützen können, ihre Praktiken zu optimieren und regulatorische sowie sozioökonomische Anforderungen zu erfüllen.

Die Studie stützt sich, neben den Erkenntnissen aus einer Literaturrecherche, vor allem auch auf die Inhalte des Rahmenwerkes der GPM „Kompetenzbasiertes Projektmanagement (PM4)“ und der ICB 4.0 der IPMA. Diese Ansätze ermöglichen eine systematische Erfassung und Analyse der Praktiken des Projektportfoliomanagements in Bezug auf Nachhaltigkeit. Mithilfe einer Online-Umfrage, die zwischen Dezember 2023 und Februar 2024 durchgeführt wurde, wurden 224 Unternehmensvertreter aus verschiedenen Branchen befragt. Die Auswertung der Daten erfolgte mittels deskriptiver und inferenzieller statistischer Methoden, um umfassende Einsichten in die Praktiken und Herausforderungen im Zusammenhang mit nachhaltigem Projektmanagement zu gewinnen.

Ergebnisse der Untersuchung

Ein Großteil der befragten Unternehmen hat ein Projektportfoliomanagement implementiert, wobei die strategische Bedeutung, finanzielle Kriterien wie Wirtschaftlichkeit und das erforderliche Projektbudget als wichtigste Kriterien zur Selektion und Priorisierung von Projekten dienen. Nachhaltigkeit ist ein wichtiges, aber nachgelagertes Kriterium zur Selektion und Priorisierung von Projekten. Es zeigt sich eine heterogene Bedeutung von Nachhaltigkeit bei der Projektselektion und -priorisierung, wobei nur wenige Unternehmen einen starken Fokus auf explizite Nachhaltigkeitsziele legen. Insbesondere in den frühen Phasen der Projektentwicklung wird Nachhaltigkeit stärker berücksichtigt. Die SDGs werden derzeit in 40 % der Unternehmen als Kriterien im Projektportfoliomanagement verwendet und dort, wo sie verwendet werden, gelten sie oft als sehr wichtige Selektionskriterien.

Insgesamt verdeutlichen die Ergebnisse, dass die Integration von Nachhaltigkeit in das Projektmanagement in deutschen Unternehmen fortschreitet, jedoch in Umfang und Tiefe variiert. Unternehmen sind gefordert, ihre Ansätze weiterzuentwickeln, um den steigenden externen Anforderungen von Gesetzgebungen und Kunden gerecht zu werden.

1 Einleitung

Projekte sind aus dem Unternehmensalltag nicht mehr wegzudenken. Vielmehr nehmen sie in Bezug auf Anzahl und Umfang stetig an Bedeutung zu. Laut einer Studie der GPM zur „Projektifizierung 2.0" Deutschlands wurde 2022 mehr als ein Drittel (34,5 %) der gesamten Arbeit in Projekten geleistet. Bezogen auf die Bruttowertschöpfung entspricht dies 1,2 Billionen Euro, die in Deutschland über Projekttätigkeit generiert wurden (vgl. GPM Deutsche Gesellschaft für Projektmanagement, 2023). Projekte sind in der aktuellen Unternehmenspraxis immer mehr ein Ansatz zur Lösung aktueller Problemstellungen. Sie tragen verstärkt zur Klärung strategischer Fragestellungen des Unternehmens bei. Darin liegt die Notwendigkeit eines konzeptionell bedachten und systematischen Managements der Projektlandschaft begründet. Ein Managementsystem beinhaltet, neben operativ zu erfüllenden Aufgabenstellungen, insbesondere auch komplexe strategische Problemfelder.

Dieses Themenfeld wird in der Unternehmenspraxis sowie in der Literatur unter den Konzepten des „Multiprojektmanagements" sowie des „Projektportfoliomanagements" behandelt. Im Rahmen des Projektportfoliomanagements gilt es, die knappen Unternehmensressourcen auf eine Vielzahl von Projektideen bzw. -vorschlägen zu verteilen und so eine Selektion von Projekten vorzunehmen. Die Projektselektion erfolgt im Regelfall kriteriengestützt. Der Beitrag eines Projektes zur Unternehmensstrategie ist von übergeordneter Bedeutung und auch sonstige Kriterien sind klassischerweise eher an ökonomischen Chancen-/Risikenabwägungen oder technischen Aspekten orientiert.

Der Begriff „Nachhaltigkeit", ebenso wie die Begriffe der Corporate Social Responsibility (CSR) sowie die Sustainable Development Goals (SDG) der Vereinten Nationen (UN), genießen heutzutage eine große Aufmerksamkeit in der öffentlichen Wahrnehmung. Nachhaltigkeit entwickelt sich zunehmend zu einem Megatrend der heutigen Zeit. In den UN-Nachhaltigkeitszielen der Agenda 2030 werden 17 Ziele für nachhaltige Entwicklung und 169 Zielvorgaben formuliert, welche einen umfassenden und universellen Anspruch aufweisen. Im Zuge des globalen Klimawandels und der erkannten Zukunftsverantwortung der Menschheit, definieren diese 17 „Sustainable Development Goals" (SDGs) Handlungsfelder, um eine global nachhaltige Gestaltung der Wirtschaft, Umwelt und Gesellschaft zu erreichen.

Aus diesem Grund wurde die Studie „Projektportfolio Sustainability Monitor 2024" von der GPM initiiert. Die durchgeführte Untersuchung beleuchtet, inwiefern Unternehmen eine normativ und strategisch verankerte Nachhaltigkeitsorientierung mittlerweile auch bei der Selektion und Priorisierung von Projekten im Rahmen eines Projektportfoliomanagements (PPM) zur Anwendung kommen lassen und – falls dies der Fall ist – inwiefern dies auf den SDGs beruht. Ebenfalls wird aufgezeigt, wie sich dies im Detail ausgestaltet und welche allgemeinen Tendenzen aber auch Unterschiede es in der Unternehmenslandschaft gibt. Für die Studie wurden 224 Unternehmensvertreter verschiedener Branchen befragt. Die Auswertung erfolgte mittels deskriptiver und inferenzieller Statistik. Dies ermöglicht eine detaillierte Analyse der Antworten der Teilnehmer hinsichtlich der Integration von Nachhaltigkeit in das Projektportfoliomanagement.

Die Arbeit gliedert sich in mehrere Hauptteile. Nach dieser Einleitung folgt der konzeptionelle Rahmen, der die Forschungsfragen darlegt und die theoretischen Grundlagen der Studie in Bezug auf das Projektmanagement, das Projektportfoliomanagement sowie der Nachhaltigkeit im Unternehmenskontext herausarbeitet. Der darauffolgende Methodikteil beschreibt die Vorgehensweise der Datenerhebung, -aufbereitung und -auswertung, gefolgt von einem Ergebnisteil, der die Antworten auf die Forschungsfragen präsentiert und interpretiert. Im Fazit und Ausblick werden die wichtigsten Erkenntnisse zusammengefasst und mögliche Richtungen für zukünftige Forschungen aufgezeigt.

2 Konzeptioneller Rahmen der Befragung

2.1 Forschungsfragen

Ausgangspunkt der durchgeführten Untersuchung waren drei Forschungsfragen, welche literaturgestützt entwickelt wurden. Zu diesen Forschungsfragen sind jeweils Unterfragen entwickelt worden. Die Unterfragen greifen dabei die Perspektive der Unternehmenspraxis in detaillierterer Form auf. Die Forschungsfragen beinhalten ebenfalls Informationen aus dem Austausch mit Fachexperten aus der Wirtschaft während der Konzeption der Studie (vgl. auch Eichenberg/Peuser, 2023).

Forschungsfrage 1:

Inwieweit spielen in Unternehmen Nachhaltigkeitsüberlegungen eine Rolle bei der Selektion und Priorisierung von Projekten?

Unterfragen zu Forschungsfrage 1:

1.1 Inwieweit existiert ein Projektportfoliomanagement und wie ist es ausgestaltet?

1.2 Welche Kriterien werden wie stark bei der Selektion und Priorisierung im Projektportfoliomanagement angewendet?

1.3 Inwiefern wird Nachhaltigkeit als Kriterium bei der Selektion und Priorisierung im Projektportfoliomanagement angewendet?

1.4 Welche einzelnen Aspekte von Nachhaltigkeit spielen im Projektportfoliomanagement eine Rolle?

Forschungsfrage 2:

Inwieweit spielen dabei insbesondere die UN Sustainable Development Goals (SDGs) eine Rolle?

Unterfragen zu Forschungsfrage 2:

2.1 Inwieweit sind die SDGs Teil dieser Nachhaltigkeitskriterien?

2.2 In welchen SDGs sind Schwerpunkte in den Projekten von Unternehmen zu verorten?

2.3 Welche weiteren Nachhaltigkeitsanforderungen werden über die SDGs hinaus im Projektportfoliomanagement berücksichtigt, wie etwa ESG-Kriterien oder die Corporate Sustainability Reporting Directive (CSRD)?

2.4 (Wie) Erfolgt eine Messung von Nachhaltigkeitskriterien im Projektportfoliomanagement?

Forschungsfrage 3:

Welche Unterschiede bestehen bei den ersten beiden Forschungsfragen hinsichtlich typischer Unternehmensmerkmale?

2.2 Theoretische Grundlagen und Fragebogenentwicklung

Als konzeptioneller Rahmen und Basis der empirischen Untersuchung wurde zunächst eine theoretische Grundlage erarbeitet, welche als konzeptioneller Rahmen der Fragebogenentwicklung diente. Neben den Erkenntnissen aus einer Literaturrecherche sind vor allem auch die Inhalte des Rahmenwerkes der GPM „Kompetenzbasiertes Projektmanagement (PM4)" und der ICB 4.0 der IPMA (vgl. GPM Deutsche Gesellschaft für Projektmanagement (2019) und (2017)) berücksichtigt worden. Im Folgenden werden – in zielführend knapper Art und Weise – die wesentlichen Konzepte sowie zugrundeliegenden Begriffsdefinitionen dargestellt. Der Fragebogen ist in vollständiger Form im Anhang zu finden.

Unternehmens- und Befragtendaten

Die Abfrage der Branche bzw. des Wirtschaftsbereiches erfolgte nach der Klassifikation der Wirtschaftszweige des Statistischen Bundesamts WZ 2008 (vgl. Statistisches Bundesamt, 2008). In der zuvor veröffentlichen GPM Studie „Projektifizierung 2.0" wurde die WZ 2008 Klassifizierung ebenfalls verwendet (vgl. GPM Deutsche Gesellschaft für Projektmanagement, 2023). Die Abfrage der Mitarbeiterzahl erfolgte als Freitextfeld, um später unterschiedliche Klassen bilden zu können (vgl. GPM Deutsche Gesellschaft für Projektmanagement, 2023). Basis für die Abfrage von Bilanzsummen und Umsatzerlösen bildeten die CSRD-Kriterien (vgl. Europäische Union, 2022; Klose/Peters, 2023). Die Befragten wurden gebeten, Auskunft über ihre Position im Unternehmen zu geben (vgl. GPM Deutsche Gesellschaft für Projektmanagement, 2023).

Projektmanagement und Projektportfoliomanagement

Konzeptionelle Grundlage des Projektmanagements und des Projektportfoliomanagements lieferten das Lehr- und Fachbuch der GPM „Kompetenzbasiertes Projektmanagement (PM4)“ (vgl. Seidl/Roeschlein, 2019), die Multiprojektmanagement und -controlling Konzeption nach Steinle/Eichenberg (2015) sowie für einzelne Items erneut die GPM Studie Projektifizierung 2.0. Überblicksartig ordnet Abb. 1 die Zusammenhänge des Projektmanagements und des Projektportfoliomanagements in den unternehmerischen Gesamtkontext ein:

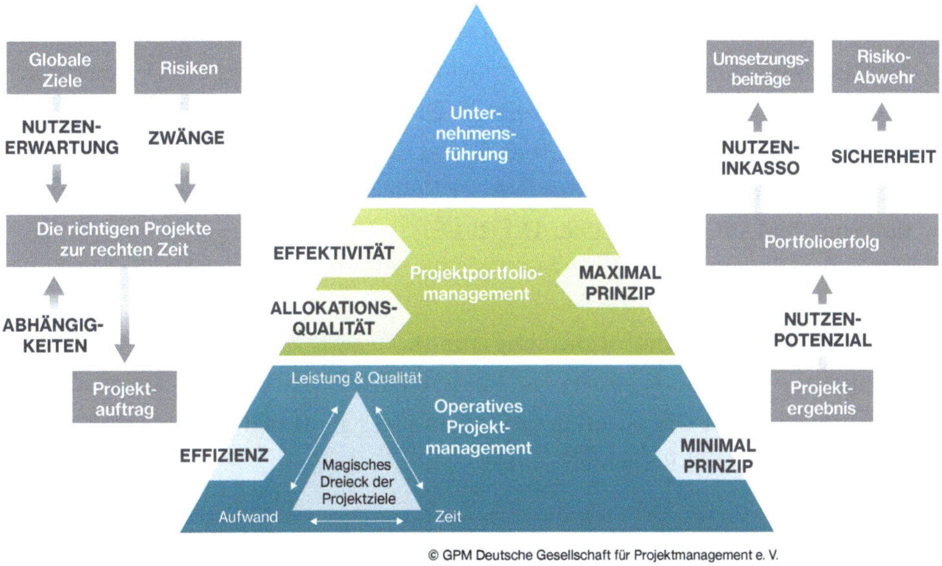

Abb. 1: Projektmanagement im Unternehmenskontext
Quelle: PM4, Seidl/Roeschlein, 2019, S. 109

Definition Projekt:
„Ein einmaliges, zeitlich befristetes, interdisziplinäres und organisiertes Unterfangen, um festgelegte Arbeitszeitergebnisse im Rahmen vorab definierter Anforderungen und Randbedingungen zu erzielen. Um diese Projektziele zu erreichen, müssen diese Arbeitsergebnisse bestimmte Anforderungen erfüllen, unter anderem zahlreiche Beschränkungen bzgl. Termine/Zeit, Kosten, Ressourcen und solche, die sich aus Qualitätsstandards oder -anforderungen ergeben.“ (Definition nach IPMA ICB 4.0, Wagner/Ott, 2019).

Um aktuelle Entwicklungen des Projektmanagements aufzugreifen und insbesondere in IT-Kontexten anschlussfähig zu sein, wurde im Fragebogen darauf hingewiesen, dass im Rahmen der Studie unter Projekten auch Vorhaben zu verstehen sind, die mit Hilfe kontinuierlicher Entwicklungsmethoden auf zunächst unbestimmte Zeit bearbeitet werden (wie z. B. Scrum, DevOps, Continuous Development/Deployment, SAFe).

Definition Projektmanagement:
„Das Projektmanagement befasst sich mit der Anwendung von Methoden, Techniken, Tools und Kompetenzen für ein Projekt, um Ziele zu erreichen. Es wird mithilfe von Prozessen umgesetzt und umfasst die Integration verschiedener Phasen des Projektlebenszyklus. Effektives Projektmanagement bringt der Organisation und den Stakeholdern zahlreiche Vorteile. Es erhöht die Wahrscheinlichkeit, dass die Ziele erreicht werden und gewährleistet eine effiziente Ressourcennutzung, die die unterschiedlichen Bedürfnisse der Projektbeteiligten befriedigt." (Definition nach IPMA ICB 4.0, Wagner/Ott, 2019).

Definition Projektportfoliomanagement:
„Permanente Planung, Priorisierung, übergreifende Steuerung und Überwachung aller Projekte einer Organisation oder eines abgeschlossenen Teilbereiches einer Organisation." (Seidl/Roeschlein, 2019)

Als Kriterien zur Bewertung von Projekten wurden herangezogen (vgl. Voigt, 2015; Lappe/Eikelmann/Campana/Schott, 2015; Lukesch, 2000):

- Strategische Bedeutung
- Erwartete Erlöse durch das Projektergebnis
- Erforderliches Budget
- Wirtschaftlichkeit
- Erforderliche personelle Ressourcen
- Projektdauer
- Risiken
- Nachhaltigkeit
- Zwänge/Muss-Kriterien (z. B. juristischer oder technischer Art, interne Unternehmensrichtlinien)
- Abhängigkeiten zu anderen Projekten

Zusätzlich ist im Rahmen des Projektportfoliomanagements zu berücksichtigen, inwiefern Stakeholderinteressen bei der Projektselektion aufgegriffen werden müssen (Seidl/Roeschlein, 2019; Smith, 2000).
Die grundlegende Logik zur Ermittlung einer Projektrangfolge im Rahmen des Projektportfoliomanagements kann Abb. 2 entnommen werden:

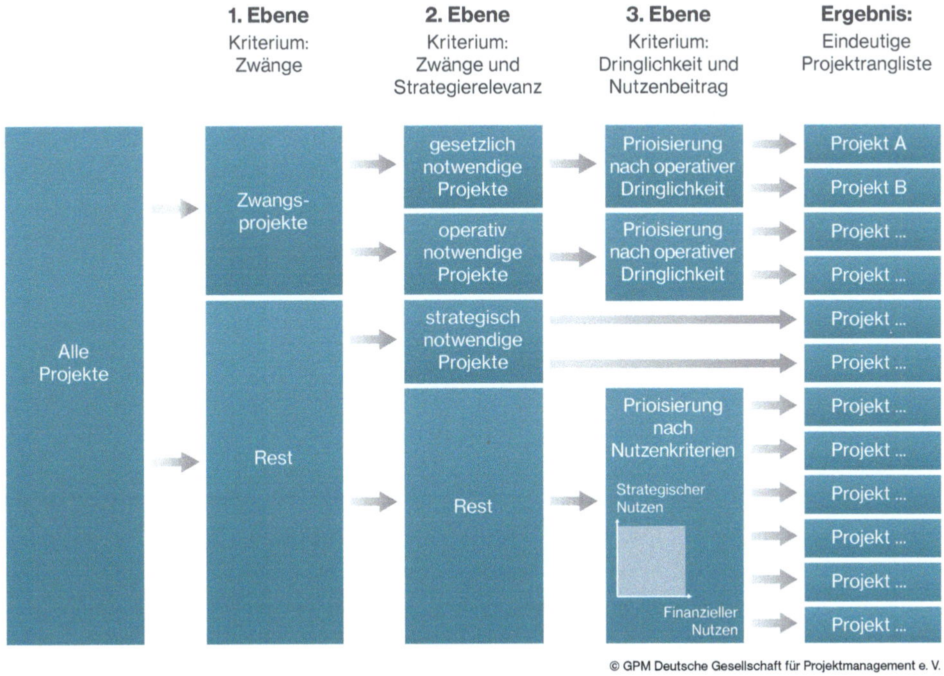

Abb. 2: Logik für die Ermittlung einer Projektrangfolge durch Priorisierung
Quelle: PM4, Seidl/Roeschlein, 2019, S. 123

Nachhaltigkeit

Für das Themenfeld Nachhaltigkeit finden sich in der Literatur vielfältigste Definitionen. Grundlegend etwa: „Nachhaltig ist eine Entwicklung, welche den Bedürfnissen der heutigen Generation entspricht, ohne die Möglichkeiten künftiger Generationen zu gefährden, ihre eigenen Bedürfnisse zu befriedigen“ (übersetzt aus dem Report of the World Commission on Environment and Development, 1987). Verschiedene Ansätze greifen den Nachhaltigkeitsgedanken in der Betriebswirtschaftslehre auf. Bekannt sind vor allem Ansätze wie das „Drei-Säulen-Modell“ (auch bekannt als „Triple-Bottom-Line“) oder das „Schnittstellen-Modell“, welche beide die gleichrangige Bedeutung ökonomischer, ökologischer und sozialer Aspekte in den Vordergrund stellen (vgl.

Jacob, 2019; von Zobeltitz/Eichenberg, 2023). Ergänzt werden diese Ansätze durch die zusätzliche Berücksichtigung von Gerechtigkeit, Dauerhaftigkeit und Partnerschaft zum sog. „6P-Modell“ (vgl. Holzbaur, 2020). Für die Durchführung der Studie wurde bewusst eine kurze Formulierung gewählt, welche auf dem sog. „Schnittstellenmodell“ basiert (siehe auch Abb. 3).

Definition Nachhaltigkeit:
„Nachhaltigkeit ist das dauerhafte Erhalten und Bewahren der ökologischen, sozialen, kulturellen und ökonomischen Lebensgrundlagen.“ (Franz, 2021)

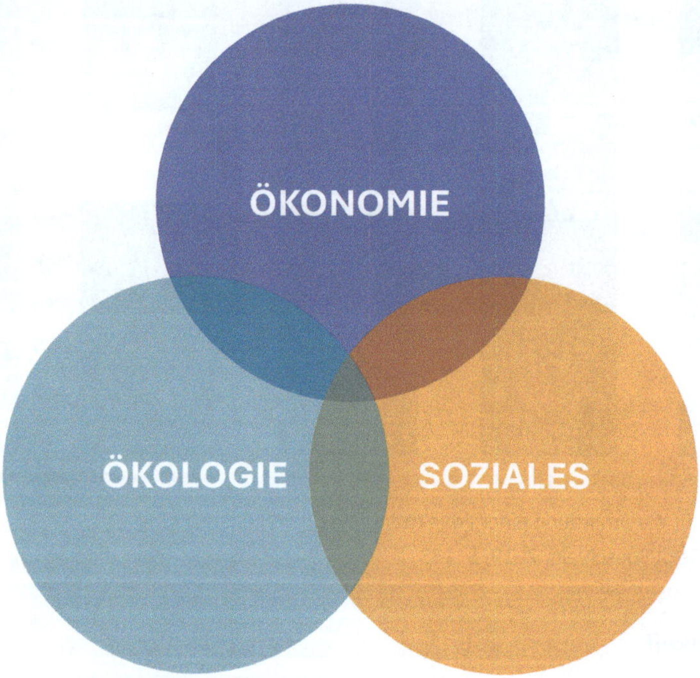

Abb. 3: Schnittstellenmodell
Quelle: Jacob, 2019

Sustainable Development Goals (SDGs):

Die 17 Ziele für nachhaltige Entwicklung (Sustainable Development Goals, SDGs) der Vereinten Nationen definieren Handlungsfelder, um eine globale nachhaltige Gestaltung der Wirtschaft, Umwelt und Gesellschaft zu erreichen. Sie wurden 2015 ins

Leben gerufen (UN-Generalversammlung, 2015) und finden zunehmend Verbreitung in der Unternehmenspraxis. Abb. 4 zeigt die SDGs im Überblick.

Abb. 4: 17 Sustainable Development Goals der UN
Quelle: Vereinte Nationen, 2024

Die Bundesregierung (2021) greift die SDGs ebenfalls prominent in der Deutschen Nachhaltigkeitsstrategie auf. Die UN SDGs finden auch in der Wirtschaftspraxis zunehmende Verbreitung, insbesondere bei bekannten deutschen Großunternehmen und auch KMUs. Eine Untersuchung des Bundesverbands Nachhaltige Wirtschaft hat bereits 2019 gezeigt, dass die SDGs zu diesem Zeitpunkt bereits in fast der Hälfte der Nachhaltigkeitsberichte von 109 Unternehmen (69 Großunternehmen, 40 mittelständische Unternehmen) aufgegriffen wurden.
Neben den SDGs werden auch zunehmend weitere Anforderungen für Unternehmen durch entsprechende Gesetzgebungen relevant, wie etwa:

- Taxonomieverordnung zu nachhaltigen Investitionen der EU („EU-Taxonomie“)
- Sustainable Finance Disclosure Regulation (SFDR)
- Nachhaltigkeitsberichterstattung gemäß Corporate Sustainability Reporting Directive (CSRD)
- Lieferkettensorgfaltspflichtengesetz (LkSG)
- Deutscher Corporate Governance Kodex
- Deutscher Nachhaltigkeitskodex
- Global Reporting Initiative (GRI)
- Energieverbrauchsrelevante-Produkte-Gesetz (Ökodesign-Richtlinie)

- Greenhouse Gas Protokoll (Emissionen Scope 1, 2 und 3)

Der Fragebogen wurde entsprechend der zuvor dargestellten Themenblöcke so gestaltet, dass die Teilnehmer inhaltlich aufeinander aufbauend durch die Befragung geleitet wurden (vgl. hierzu und zum Folgenden Fietz/Friedrichs, 2019). An erforderlichen Stellen wurden kurze Erklärtexte, zum Teil mit Begriffsdefinitionen, eingearbeitet. Die Items des Fragebogens wurden entweder als Einzel- oder Mehrfachauswahl mit vorgegebenen Antwortoptionen formuliert oder als Ratingskalen. Hierbei wurden fünfstufige Likert-Skalen verwendet, was den Empfehlungen von Menhold/Bogner zur Verwendung von fünf bis sieben Antwortkategorien entspricht (Menhold/Bogner, 2015). Als Formulierungen für die Antwortkategorien der fünfstufigen Antwortskalen wurden vorgefertigte Antwortskalen des ZUMA-Methodenberichts verwendet (Prüfer/Vazansky/Wystup, 2003).

3 Methodik der Befragung

3.1 Vorgehen der Datenerhebung

Für die vorliegende Studie wurde zunächst Ende November 2023 ein mehrstufiger Pretest (im Zuge der Fragebogenentwicklung, Test des Fragebogens unter Feldbedingungen) durchgeführt (Weichbold, 2019). Anschließend erfolgte die Befragung im Zeitraum Mitte Dezember 2023 bis Ende Februar 2024 (72 Tage) als passiv rekrutierte Online-Befragung, da keine „Liste" der zu befragenden Grundgesamtheit existiert (Taddicken/Badinic, 2021). Die Onlinebefragung wurde mittels der Befragungsplattform SurveyMonkey Enterprise durchgeführt, der Anbieter sichert eine DSGVO-konforme Datenverarbeitung zu (SurveyMonkey, 2024). Die Teilnahme war freiwillig und anonym, es handelt sich um eine Befragung als Selbstberichtsverfahren (vgl. Euchterhoff, 2023a). Personenbezogene Daten wurden bis auf die Position im Unternehmen nicht abgefragt. Die Angabe der Position wurde doppelt, d. h. zunächst am Anfang und dann erneut am Ende des Fragebogens abgefragt und diente somit als Filterfrage und Konsistenzprüfung, was für Onlinebefragungen zu empfehlen ist (vgl. Wagner-Schelewsky/Hering, 2019).

Die Stichprobe wurde über verschiedene Kanäle generiert. Über die Plattform SurveyMonkey wurden mithilfe von „SurveyMonkey Audience" 155 Beantwortungen gebucht. Der Fragebogen konnte aufgrund einer geschätzten Qualifizierungsquote von 50 % an 355 Personen gesendet werden. Die tatsächliche Qualifizierungsquote betrug 40 %. Dadurch haben sich letztendlich 142 Personen für die Befragung qualifiziert. Die Plattform bietet den Vorteil einer hohen Verfügbarkeit registrierter und vorqualifizierter Befragungsteilnehmer. Darüber hinaus wurde die relevante Zielgruppe über die sozialen Medien der GPM (LinkedIn), den Mitgliederverteiler der GPM, Newsletter der GPM sowie Newsletter weiterer Kooperationspartner der GPM auf die Studie aufmerksam gemacht. Die Teilnahme war freiwillig und anonym. Als zu erwartende Ausfüllzeit wurde auf Basis des Pretests sowie unterschiedlicher Empfehlungen zur Berechnung eine Zeit zwischen vier und sieben Minuten ermittelt (vgl. etwa Puleston, 2012). Die KI-gestützte Berechnungsmethode der Befragungsplattform prognostizierte eine etwas höhere Ausfüllzeit von zehn Minuten. Die ermittelten Werte entsprechen den Anforderungen an die ideale Medianlänge von Websurveys von zehn bis 15 Minuten (vgl. Revilla/Ochoa, 2017; Revilla/Höhne, 2020).

3.2 Vorgehen der Datenaufbereitung und -auswertung

Nach Abschluss der Datenerhebung wurden die Daten für die Auswertung zunächst einer Aufbereitung unterzogen. Die initiale Bruttostichprobe umfasste zunächst n = 635 begonnene Fragebogen. Auf dieser Basis wurde im nächsten Schritt eine Datenmatrix erstellt (vgl. hierzu und zum Folgenden Lück/Landrock, 2019). Im Rahmen einer Datenbereinigung wurden anschließend 411 Datensätze nach definierten Kriterien aus dem Datensatz entfernt (vgl. Tab. 1).

Kriterium (Reihenfolge der Anwendung)	Anzahl Datensätze
"Assistenz" als Position	22
"Mitarbeiter Fachabteilung" als Position	85
"Projektmitarbeiter" als Position	25
"Teamleitung" als Position	93
"Andere" als Position	28
Keine Angabe der Position	49
Inkonsistente Positionsangaben	15
Nur die ersten Fragen oder sehr wenige Fragen beantwortet	17
„Straightlining" Klickverhalten	6
Nicht vollständig abgeschlossene Fragebögen	8
Bearbeitungszeit (1. Stufe): unter 3 Minuten, da davon auszugehen ist, dass der Fragebogen in dieser Stufe nicht bewusst gelesen und wahrheitsgemäß beantwortet werden kann.	48
Bearbeitungszeit (2. Stufe): unter 4 Minuten, da recht dicht an der berechneten Untergrenze. Es wurden Gruppenvergleiche (t-Tests, (Levene-Test der Varianzgleichheit und Prüfung der 2-seitigen Signifikanz, <0,05)) durchgeführt, um auf Unterschiede zu testen; bei über Hälfte der Items lagen signifikante Unterschiede vor.	15
Summe entfernter Datensätze	**411**

Tab. 1: Vorgehen der Datenbereinigung

Bei der Filterfrage („Welche primäre Position nehmen Sie in Ihrem Unternehmen ein?") wurden nur die Positionen Geschäftsführung/Vorstand, Bereichs-/Abteilungsleitung, Leitung Project Management Office, Mitarbeiter Project Management Office sowie Projektleiter für den finalen Datensatz berücksichtigt, da nur bei diesen Positionen zu erwarten ist, dass sie über die für die Studie relevanten Kenntnisse verfügen. Inkonsistente Positionsangaben führten ebenfalls zum Ausschluss, da der Wahrheitsgehalt des Antwortverhaltens in Frage gestellt werden muss. Die Nettostichprobe, welche Basis der Datenauswertung ist, umfasst n = 224 Antworten.

Die Datenauswertung erfolgte über die Software IBM SPSS Statistik. Zum Einsatz kamen univariate Verfahren der Deskriptivstatistik, wie etwa Maße der zentralen Tendenz, Streuungsmaße, Häufigkeiten und Häufigkeitsverteilungen sowie bivariate

Verfahren der Deskriptivstatistik, wie z. B. Kreuztabellierung (vgl. Berger-Grabner 2022; Euchterhoff, 2023b; Pallant, 2020). Im weiteren Verlauf wurden inferenzstatistische Verfahren eingesetzt, um so Unterschiede und Zusammenhänge schlussfolgern zu können. Dabei kamen gängige statistische Testverfahren, wie etwa Kruskal-Wallis-Tests, t-Tests, Korrelationen nach Pearson und Spearman und Kreuztabellierungen mit Chi-Quadrat-Tests sowie deren jeweiligen Effektstärken zum Einsatz. Beim Signifikanzniveau wurde $\alpha = 0.05$ gewählt. Aus Gründen der Lesbarkeit wurde in dieser Publikation auf die Angabe der vollständigen statistischen Angaben pro durchgeführten Test verzichtet. Stattdessen werden statistisch signifikante Ergebnisse der Inferenzstatistik nur vom Ergebnis her beschrieben und an einigen Stellen durch Visualisierungen mit quantitativen Angaben ergänzt.

3.3 Strukturmerkmale der Stichprobe und der Befragten sowie Limitationen

Branche der befragten Unternehmensvertreter

Unternehmen der Gruppe Öffentliche Dienstleister/Erziehung/Gesundheit stellen mit 66 Unternehmen (29,5 %) die größte Gruppe der befragten Unternehmen, gefolgt von Unternehmen des produzierenden Gewerbes (44 Unternehmen, 19,6 %), der Finanz- und Versicherungsdienstleister und der Informations- und Kommunikationsbranche (jeweils 26 Unternehmen bzw. 11,6 %). Es folgen Unternehmen aus dem Bereich Handel/Verkehr/Gastgewerbe (25 Unternehmen, 11,2 %) und der Branche der Unternehmensdienstleister (23 Unternehmen, 10,3 %). Die kleinste Gruppe bildet das Baugewerbe (12 Unternehmen, 5,4 %). Jeweils nur ein Unternehmen ist dem Grundstücks- und Wohnungswesen sowie der Branche Land- und Forstwirtschaft/Fischerei zuzuordnen.

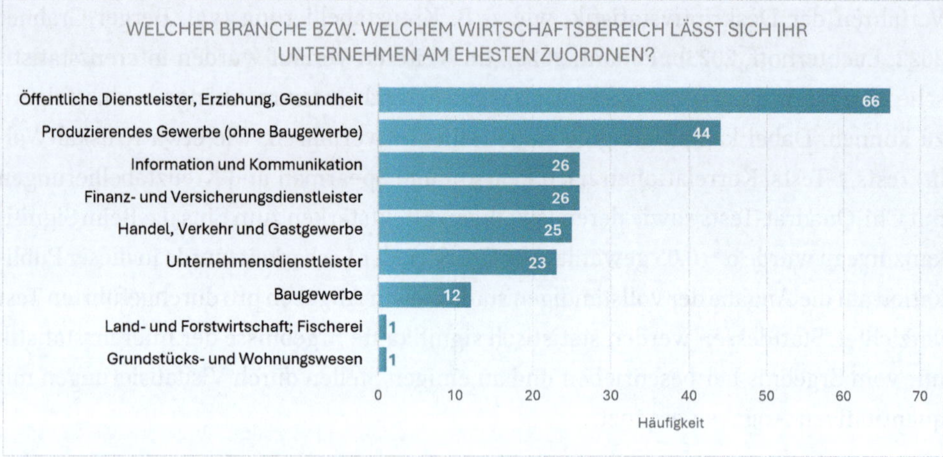

Abb. 5: Zuordnung zu Wirtschaftsbereichen
(Gruppierung gemäß Statistischem Bundesamt; n=224)

Zur weiteren Einordnung der Stichprobe wurde ein Vergleich mit den Angaben des Statistischen Bundesamt aus dem Jahr 2023 durchgeführt (vgl. Statistisches Bundesamt, 2024). Es zeigt sich, dass Unternehmensvertreter des produzierenden Gewerbes, der Finanz- und Versicherungsdienstleister sowie der Branche Information und Kommunikation in der Stichprobe häufiger vertreten sind als ihre Anteile an den Erwerbstätigen in Deutschland. Gleichzeitig sind die Branchen Öffentliche Dienstleister/Erziehung/Gesundheit sowie Handel/Verkehr/Gastgewerbe weniger häufig vertreten. Es ist davon auszugehen, dass ein professionelles Projektmanagement sowie ein Projektportfoliomanagement in der ersten Gruppe von Branchen stärker ausgeprägt sein dürfte und dass Unternehmen der zweiten Gruppe einen geringeren Reifegrad diesbezüglich aufweisen. Hierzu kann ein Vergleich mit Ergebnissen der GPM Studie „Projektifizierung 2.0" herangezogen werden. Bei der Untersuchung der „Projektintensität" zeigt die Studie, dass diese in den Branchen Baugewerbe, Produzierendes Gewerbe sowie Information & Kommunikation am höchsten, und in Handel/Verkehr/Gastgewerbe sowie Öffentliche Dienstleister/Erziehung/Gesundheit und Land- und Forstwirtschaft/Fischerei am geringsten ist. Projektintensität ist dabei ein aus fünf Faktoren bestehendes Messkonstrukt, welches u. a. auf Basis des Anteils der Arbeitszeit in Projekten oder der Bedeutung von Projekten im Unternehmen basiert. Die Autoren schließen ebenfalls auf einen höheren Professionalisierungsgrad des Projektmanagements mit zunehmender Projektintensität (vgl. GPM Deutsche Gesellschaft für Projektmanagement, 2023). Diese Schlussfolgerung kann vom Grundsatz übertragen werden. Unternehmensdienstleister und Baugewerbe sind in der vorliegenden Studie in etwa ihres Anteils gemäß den Angaben des Statistischen Bundesamts vertreten.

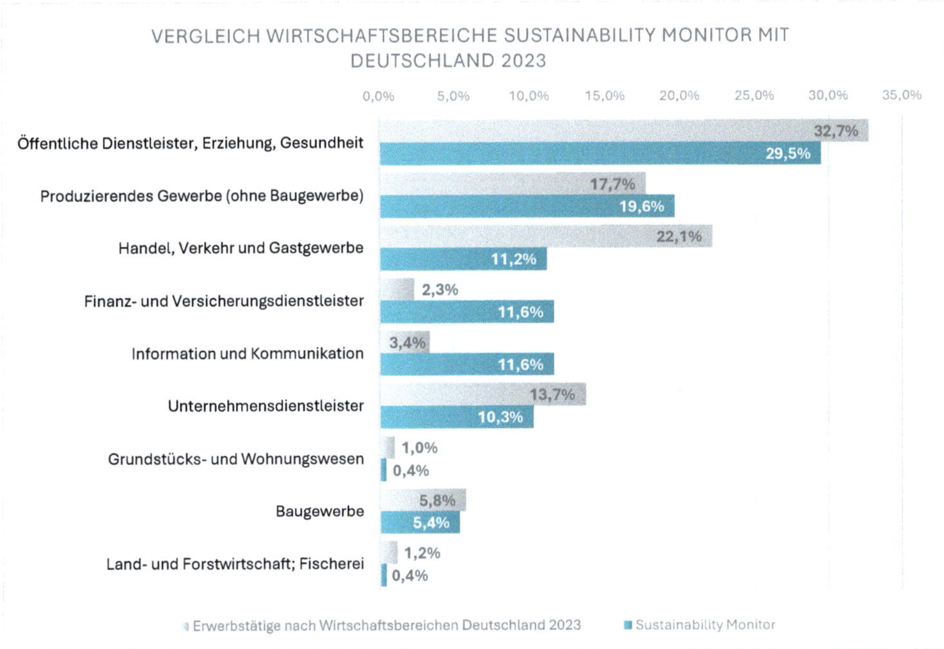

Abb. 6: Vergleich der Wirtschaftsbereiche
(n=224)

Beschäftigtenanzahl

Die Verteilung der Anzahl der Beschäftigten geht aus Abb. 7 und Tab. 2 hervor. Es zeigt sich, dass in etwa gleich viele Befragte aus kleinen und mittleren Unternehmen stammen, während nahezu die Hälfte der Befragten in Großunternehmen tätig ist. Dies lässt sich damit erklären, dass erwartungsgemäß die Verbreitung bzw. der Reifegrad von Projekt- und Projektportfoliomanagement-Methoden in größeren Unternehmen stärker ausgeprägt sein dürfte als im Mittelstand bzw. in kleinen Unternehmen.

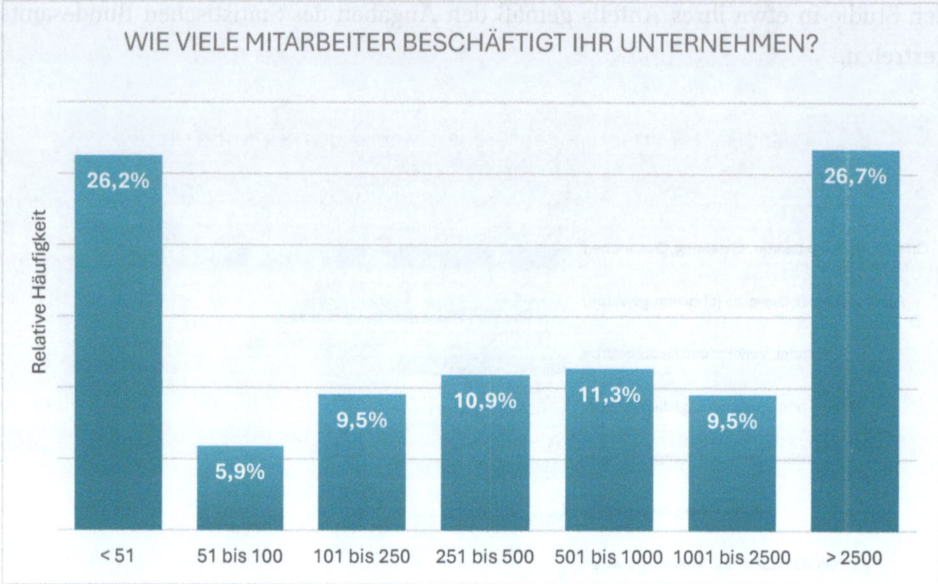

Abb. 7: Anzahl der Beschäftigten in den Unternehmen (n=221)

Angelehnt an die Klassifikationen des Bonner Instituts für Mittelstandsforschung (vgl. IfM Bonn, 2024) ergibt sich rein auf Basis der Beschäftigtenzahl folgende Einteilung der Stichprobe nach Unternehmensgrößen.

	Kriterium: Beschäftigte	Anzahl (%)
Kleine Unternehmen	Bis 49 Mitarbeiter	57 (25,8 %)
Mittlere Unternehmen	Bis 499 Mitarbeiter	48 (21,7 %)
Großunternehmen	Ab 500 Mitarbeiter	116 (52,5 %)

Tab. 2: Einteilung der Stichprobe nach Unternehmensgrößen (n=221)

Diese Ergebnisse decken sich auch mit den Ergebnissen der GPM Studie „Projektifizierung 2.0", bei der ebenfalls jeweils ca. 25 % der Gruppen kleiner und mittlerer

Unternehmen und ca. 50 % der Gruppe großer Unternehmen zugehörig waren (vgl. GPM Deutsche Gesellschaft für Projektmanagement, 2023).

Bilanzsumme, Umsatzerlöse und Kapitalmarktorientierung

Die Klassifizierungen für die Bilanzsumme und die jährlichen Umsatzerlöse wurden für spätere Auswertungszwecke anhand der Vorgaben der CSRD-Berichtspflicht vorgenommen (vgl. Klose/Peters, 2023; Europäische Union, 2022). Für beide Kriterien wurden jeweils die Zugehörigkeit zu drei Klassen abgefragt, die sich wie folgt verteilen.
Bilanzsumme: Ca. 17 % der Unternehmen gehören der unteren Kategorie (Bilanzsumme bis zu 450.000 Euro) an, ca. 37 % der mittleren Kategorie (450.000 Euro bis zu 25 Mio. Euro) und ca. 45 % sind der oberen Kategorie zuzuordnen (mehr als 25 Mio. Euro). Lediglich 1 % der Befragten konnte keine Angabe tätigen.
Umsatzerlöse: Ca. 23 % der Unternehmen gehören der unteren Kategorie (Umsatzerlöse bis zu 900.000 Euro) an, ca. 38 % der mittleren Kategorie (900.000 Euro bis zu 50 Mio. Euro) und ca. 37 % sind der oberen Kategorie zuzuordnen (mehr als 25 Mio. Euro). Nur 2 % der Befragten konnten keine Angabe machen.

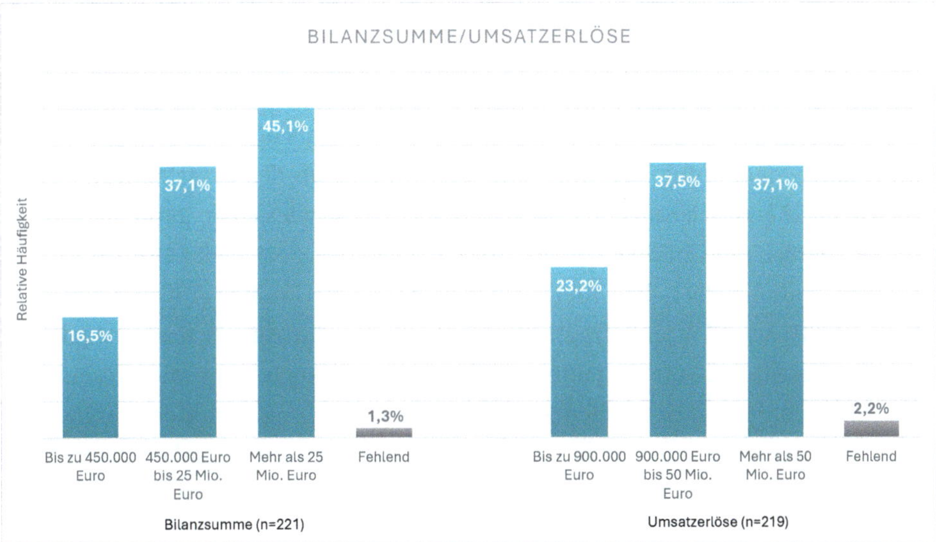

Abb. 8: Bilanzsumme und Umsatzerlöse

Die Frage, ob das Unternehmen kapitalmarktorientiert, d. h. entweder an der Börse notiert oder Emittent von Anleihen ist, beantworteten etwas mehr als zwei Drittel negativ.

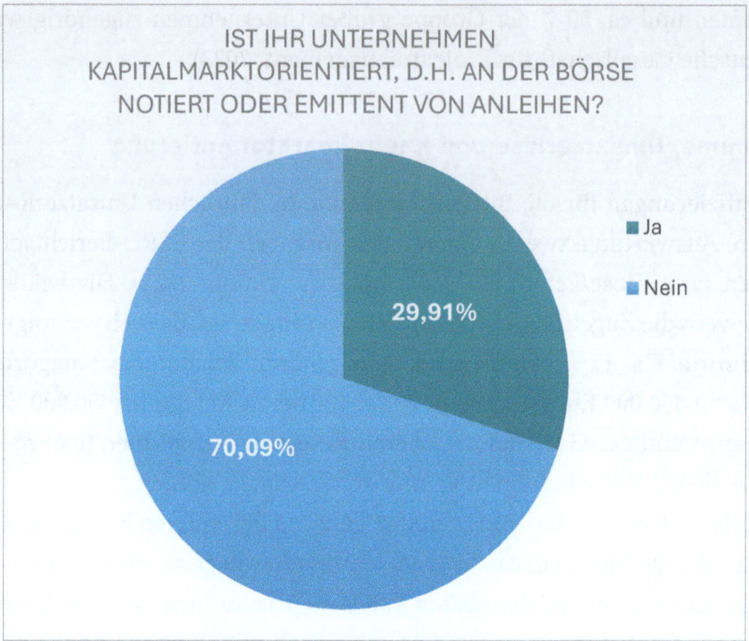

Abb. 9: Kapitalmarktorientierung
(n=224)

Ein Vergleich mit der GPM Studie „Projektifizierung 2.0“ ist nur für eines der drei Kriterien möglich, da dort keine entsprechenden Angaben zur Bilanzsumme oder Kapitalmarktorientierung abgefragt wurden. Hinsichtlich der Umsatzerlöse wurden abweichende Klassifizierungen verwendet. Diese Studie wies einen geringeren Anteil an Unternehmen mit Umsätzen bis zu 1 Mio. Euro auf (ca. 5 %), in der Gruppe „1 bis 50 Mio. Euro“ waren ca. 29 % der Unternehmen eingeordnet, Umsätze größer 50 Mio. Euro wiesen ca. 38 % auf. 27 % der Befragten konnten jedoch keine Angabe machen (vgl. GPM Deutsche Gesellschaft für Projektmanagement, 2023). Auch wenn die prozentualen Verteilungen aufgrund des hohen Anteils an fehlenden Angaben nicht vergleichbar sind, gibt es dennoch strukturelle Ähnlichkeiten dahingehend, dass die Unternehmen der mittleren und oberen Kategorie gleich hohe Anteile aufweisen, welche jeweils höher waren als der Anteil der unteren Kategorie.

Primäre Position der Befragten im Unternehmen

Von den n=224 befragten Unternehmensvertretern sind in etwa gleich viele Respondenten der Gruppen Geschäftsführung/Vorstand (28,6 %) sowie Bereichs-/Abteilungsleitung (28,1 %) tätig. Diese beiden Gruppen auf Managementebene machen zusammen 56,7 % der Stichprobe aus. Die drittstärkste Befragtengruppe stellen die Projektleiter mit 60 Befragten (26,8 %). In einem Project Management Office sind 33 Befragte tätig, hinzu kommen 4 dezidierte Projektportfoliomanager. Diese Verteilung ist im Ansatz vergleichbar mit den Ergebnissen der GPM Studie „Projektifizierung 2.0"; auch hier stellten die beiden Managementebenen Geschäftsführung/Vorstand und Bereichs-/Abteilungsleitung mit in Summe 62 % die größte Befragungsgruppe (allerdings mit individuell betrachtet höherem Anteil an Bereichs-/Abteilungsleitungen). Ebenfalls ordneten sich in der Studie „Projektifizierung 2.0" mit 14 % ein vergleichbarer Anteil dem Bereich Project Management Office zu (vgl. GPM Deutsche Gesellschaft für Projektmanagement, 2023).

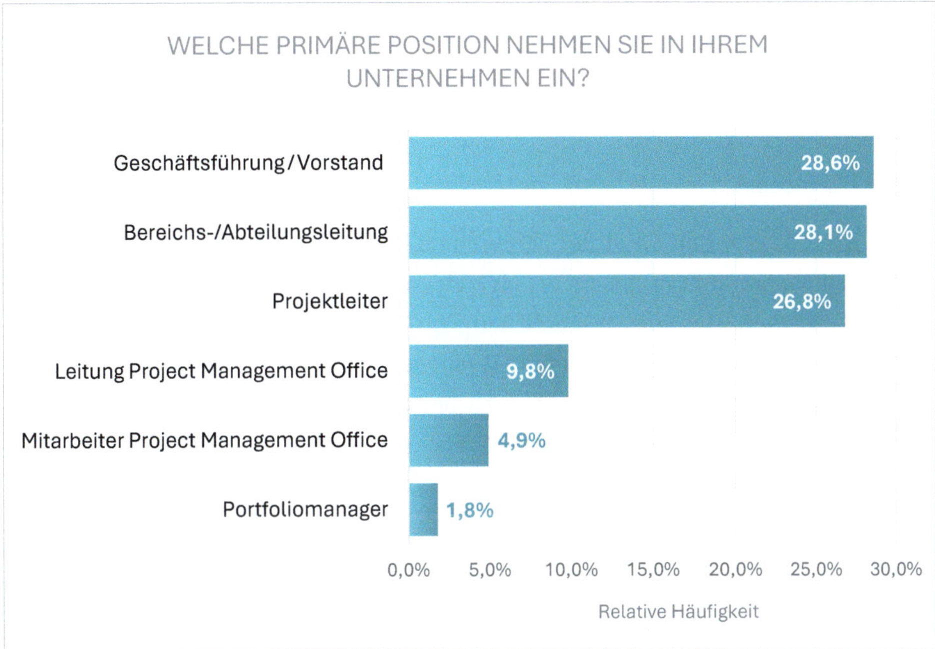

Abb. 10: Primäre Position der Befragten im Unternehmen (n=224)

Limitationen

Für Online-Befragungen ist wesentlich, dass die Zielgesamtheit abgedeckt wird, d. h. tatsächlich online erreichbar ist (vgl. Wagner-Schelewsky/Hering, 2019). Es ist grundsätzlich davon auszugehen, dass dies im untersuchten Themenfeld der Fall ist, da die zu Projektmanagement und Projektportfoliomanagement auskunftsfähigen Unternehmensvertreter grundsätzlich über Computerarbeitsplätze verfügen. Eine abdeckungsbezogene Einschränkung dürfte somit ausgeschlossen sein. Insgesamt weist die vorliegende Zufallsstichprobe strukturell hinsichtlich wesentlicher Merkmale (Branche, Unternehmensgröße nach Beschäftigtenzahl und Umsatzerlöse, Position im Unternehmen) ausreichende Ähnlichkeiten zur GPM Studie „Projektifizierung 2.0“ auf. Die identifizierten Abweichungen bei der Branchenzuordnung zu den Angaben des Statistischen Bundesamtes kann mittels anderer Studienergebnisse erklärt werden. Dennoch kann nicht ausgeschlossen werden, dass aufgrund der Selbstselektivität der Befragungsteilnahme eine Verzerrung besteht. Genauso wenig sind Teilnahmen mehrerer Vertreter aus dem gleichen Unternehmen auszuschließen, weswegen bei den Ergebnissen nicht von der „Anzahl an Unternehmen“ gesprochen werden kann. Somit kann keine sichere Aussage darüber getroffen werden, ob bzw. inwiefern die Stichprobenstruktur eine Repräsentativität für die Unternehmenslandschaft in Deutschland aufweist, da hierfür keine statistischen Nachweise erbracht werden können.

Reliabilitätstests

Die Reliabilität gibt den Grad der Messgenauigkeit des Fragebogens an (Söhnchen, 2007). Die Reliabilitätstests geben im Folgenden Ausschluss darüber, ob die Ergebnisse bei einer erneuten Messung zu ähnlichen Ergebnissen führen. Dies könnte für eine weitere Messung in einer Folgestudie relevant sein.

Um die interne Konsistenz der Skalen zu bestimmen, wurde der Wert „Cronbachs Alpha“ berechnet. Tab. 3 zeigt die Cronbachs Alpha Werte und die Anzahl der jeweiligen Items in den Skalen.

Skala	Cronbachs Alpha	Anzahl der Items
Projektportfoliomanagement im Unternehmenskontext	.740	10
Identifikation und Bewertung von Projekten	.768	10
Nachhaltigkeit als Kriterium	.926	11
Aktueller Status der Nachhaltigkeitsprojekte	.899	4
Weitere Nachhaltigkeitsanforderungen	.928	9
Stakeholder und ihre Interessen	.946	12
Messung von Kriterien	.955	2

Tab. 3: Interne Konsistenz der verwendeten Skalen

Ein Cronbachs Alpha Wert ab ≥ .07 gilt als Mindestvoraussetzung für eine Messung (Himme, 2007). Werte > 0.8 sind als gut zu betrachten und Werte > 0.9 als exzellent (Gliem & Gliem, 2003 nach George and Mallery, 2003).

Somit erfüllen alle verwendeten Skalen die Mindestvoraussetzung, um die interne Konsistenz zu erfüllen. Die Skalen „Projektportfoliomanagement im Unternehmenskontext“ und „Identifikation und Bewertung von Projekten“ haben ausreichende Werte. Einen guten Wert zeigt die Skala „Aktueller Status der Nachhaltigkeitsprojekte“. Die Skalen „Nachhaltigkeit als Kriterium“, „Weitere Nachhaltigkeitsanforderungen“, „Stakeholder und ihre Interessen“ und „Messung von Kriterien“ zeigen exzellente Werte.

Eine erneute Messung sollte demnach ähnliche Ergebnisse hervorbringen wie die vorliegende.

4 Ergebnisse der Befragung

4.1 Deskriptive Statistik: Auswertung des Fragebogens

4.1.1 Betrachtung der Einzelprojektebene

Arten von Projekten in Unternehmen

Für eine Untersuchung der Rolle von Nachhaltigkeitsüberlegungen bei der Selektion und Priorisierung von Projekten ist zunächst zu klären, welche bestimmten **Projektarten** in Unternehmen eine Anwendung finden. Dies erscheint besonders zielführend, um branchenspezifische Muster zu erkennen, zielgerichtete Strategien für die Integration von Nachhaltigkeit in das Projektportfoliomanagement zu entwickeln und die Herausforderungen sowie Prioritäten unterschiedlicher Projektarten zu verstehen.
Die Ergebnisse zeigen die Häufigkeit der unterschiedlichen internen und externen Projektarten. Zu den internen Projekttypen zählen Organisations- und HR-Projekte, IT-Projekte, Forschungs- und Entwicklungsprojekte, Marketing- und Vertriebsprojekte sowie Infrastrukturprojekte. Externe Projekte sind Kunden- und Auftragsprojekte. Zusätzlich gab es für die Befragten die Möglichkeit, sonstige interne und externe Projekte als Antwortkategorie auszuwählen. Die Bewertung erfolgte anhand einer Skala von 1 bis 5, wobei 1 bedeutet, dass diese Art von Projekten „nie“ stattfindet, und 5, dass sie „immer“ stattfinden.

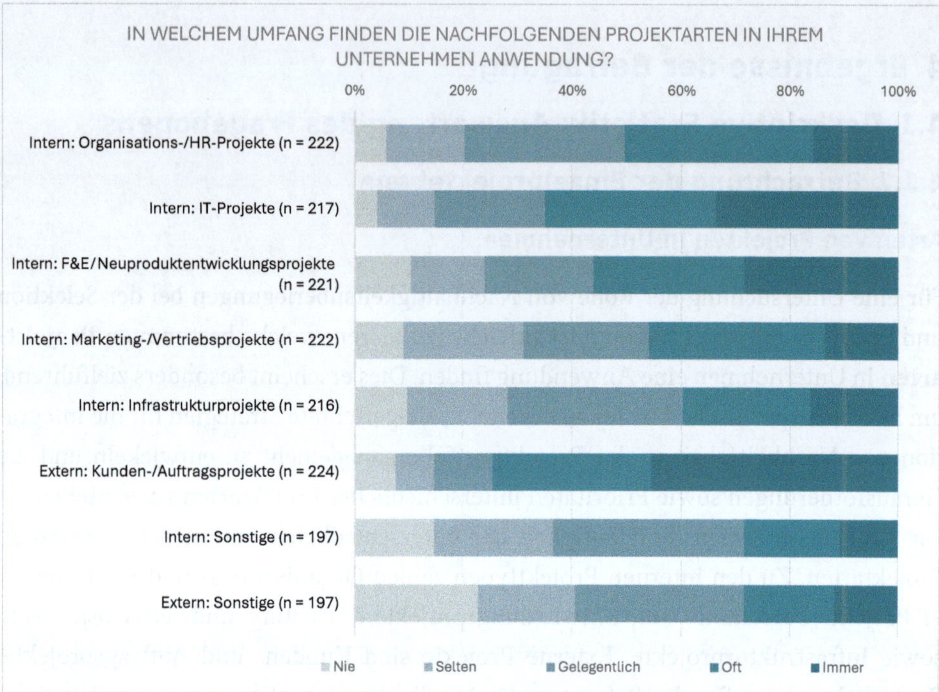

Abb. 11: Umfang von Projektarten in den Unternehmen der Befragten

Die Ergebnisse zeigen, wie unterschiedlich verschiedene Projektarten in den befragten Unternehmen zur Anwendung kommen, was auf eine Vielfalt in der Priorisierung und im Managementansatz hindeutet. Insgesamt stechen besonders externe Kunden-/Auftragsprojekte hervor. Sie werden mit 102 Antworten am häufigsten „immer" sowie mit 65 Antworten „oft" durchgeführt. Dies könnte eine starke Orientierung der Unternehmen an kundenbezogenen und auftragsbezogenen Aktivitäten widerspiegeln und darauf hinweisen, dass der direkte Kundenkontakt und externe Anforderungen maßgeblich die Projektlandschaft in den befragten Unternehmen prägen. Ebenfalls stark präsent sind IT- und F&E/Neuproduktentwicklungsprojekte. Mit 73 (IT) bzw. 63 (F&E) Antworten, die berichten, dass diese Projekte „immer" durchgeführt werden, sowie 68 (IT) bzw. 61 (F&E), die sie „oft" durchführen, ist zu vermuten, dass Technologie- und Innovationsprojekte eine wichtige Rolle in den Unternehmensaktivitäten der Befragten spielen.

Eher geringe Anwendung finden Marketing-/Vertriebsprojekte und Infrastrukturprojekte. Zwar geben 72 (Marketing/Vertrieb) bzw. 51 (Infrastruktur) Antworten an, dass diese Projekte „oft" durchgeführt werden. Sie wurden jedoch in der Bewertung „immer" nur 30 (Marketing/Vertrieb) bzw. 35 (Infrastruktur) mal angekreuzt. Vielleicht gibt es

eher zyklische Investitionen in den Bereichen oder diese Projektarten hängen stärker von Faktoren wie Marktbedingungen oder Unternehmenspolitik ab.
Sonstige Projekte (intern und extern) weisen eine breite Streuung in der Anwendungshäufigkeit auf. Die Kategorie weist eine geringe Anzahl an Projekten auf, die „immer" durchgeführt werden (21 intern bzw. 23 extern) und eine höhere Anzahl an Antworten mit „nie" auf (29 intern bzw. 45 extern). Möglicherweise handelt es sich daher um spezialisierte oder ad-hoc-Projekte, die eher nicht regelmäßig in den befragten Unternehmen auftreten.

Anzahl von Projekten in Unternehmen

Die im Vorherigen aufgeführten Ergebnisse bieten einen wertvollen Einblick in die Projektlandschaft der Unternehmen und zeigen die Bedeutung verschiedener Projekttypen auf. Eine weitere Fragestellung war, wie viele Projekte es in den Unternehmen aktuell gibt (**Projektanzahl**). Die Daten geben Aufschluss darüber, wie aktiv die Unternehmen mit Projekten sind.
Insgesamt gibt es 224 Antworten zu dieser Frage. Sie wurden in sieben Kategorien eingeteilt. Ein sehr geringer Anteil (0,9 %) der Befragten gab an, dass es derzeit „keine Projekte" gibt. Dies ist in zwei kleinen Unternehmen mit geringer Mitarbeiterzahl (zwei und vier Mitarbeiter) und geringen Umsatzerlösen bzw. Bilanzsumme der Fall. Für diese Art von Unternehmen könnten projektorientierte Ansätze eher weniger relevant sein oder sie sind mit den Vorgehensmodellen des Projektmanagements nicht vertraut. Etwa 12,9 % gaben an, dass sie „bis unter fünf" Projekte gleichzeitig durchführen. Dies sind kleinere bis mittelgroße Unternehmen, die aufgrund ihrer Branche oder Größe Projektarbeiten nur in einem begrenzten Umfang einsetzen. Mit 17,4 % ist die Kategorie „5 bis unter 10 Projekte" eine der bedeutendsten Gruppen. Es könnte sein, dass diese Unternehmen bereits über formellere Projektmanagementstrukturen verfügen. Die Kategorie „10 bis unter 20" umfasst 16,5 % der Antworten und lässt auf eine zunehmende Komplexität und intensivere Nutzung von Projektmanagementpraktiken schließen. 14,3 % der Antworten fielen auf die Kategorie „20 bis unter 50 Projekte" und zeigen eine hohe Aktivität und ausgeprägte projektbasierte Arbeitsweise. 12,1 % gaben an, dass sie aktuell „50 bis unter 100 Projekte" durchführen. Dies ist fast ausschließlich bei mittelgroßen bis großen Unternehmen der Fall, was darauf hinweist, dass bei diesen Organisationen Projekte eine wichtige Rolle spielen. Den größten Anteil mit 25,9 % der Antworten repräsentiert die Gruppe „100 oder mehr Projekte". Solche Unternehmen sind oftmals sehr groß (meist über 500 Mitarbeiter) oder stark diversifiziert, so dass sie eine umfangreiche Projektportfoliosteuerung benötigen.

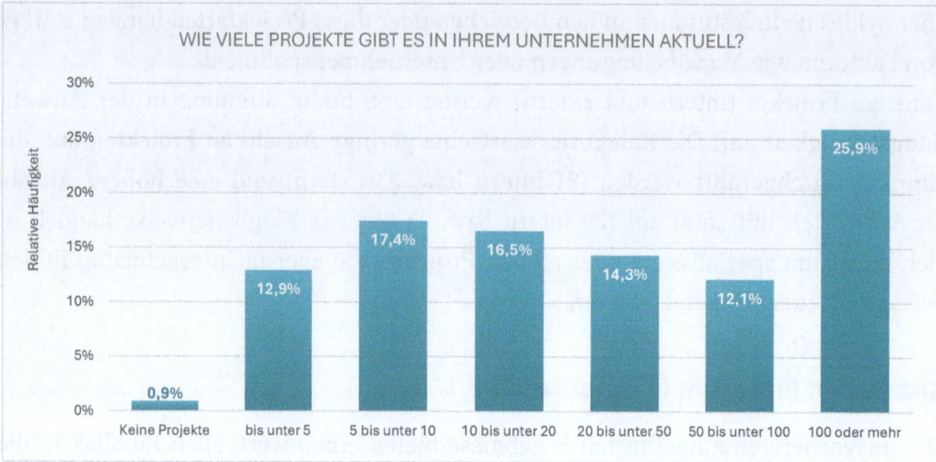

Abb. 12: Anzahl von Projekten in den Unternehmen (n=224)

4.1.2 Vorhandensein und Merkmale eines Projektportfoliomanagements

Verbreitung des Projektportfoliomanagements in den befragten Unternehmen

Die Daten zur **Existenz eines Projektportfoliomanagements** (PPM) lassen eine strategische Priorisierung von Projektmanagementpraktiken vermuten. Von den insgesamt 224 Befragten war die Struktur der Antworten wie folgt: Eine Mehrheit, nämlich 61,6 %, bestätigte das Vorhandensein eines Projektportfoliomanagements. Dies entspricht 138 Befragten, in deren Unternehmen ein PPM genutzt wird, um Projekte und Ressourcen zu managen. Die verbleibenden 38,4 % (86 Antworten) berichten, dass kein formelles Projektportfoliomanagement implementiert ist. Die Unternehmen, welche ein PPM nutzen, sind meist eher mittlere bis große Unternehmen. Im Gegensatz dazu sind die Unternehmen ohne ein PPM nicht durch ihre Größe charakterisiert. Hier weisen kleine, mittlere und große Unternehmen in etwa ähnliche Anteile auf.

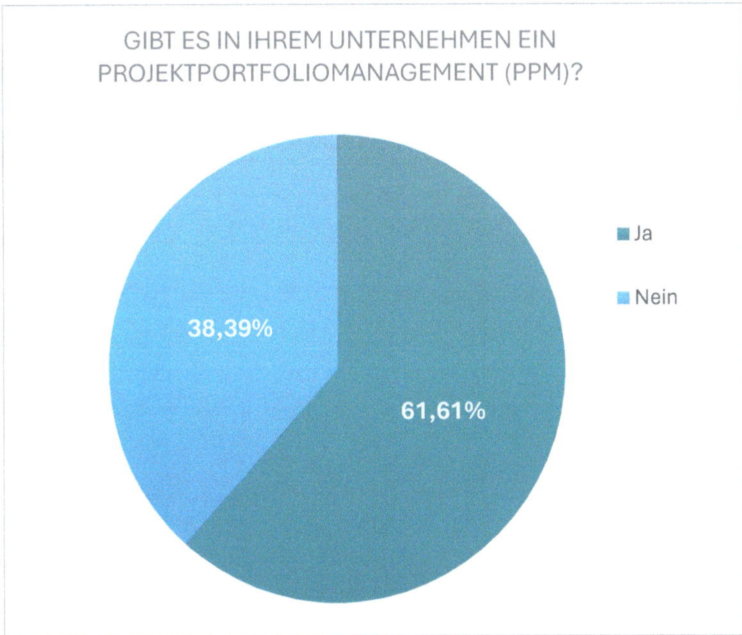

Abb. 13: Verbreitung eines Projektportfoliomanagement (PPM) bei den Befragten (n=224)

Organisatorische Verankerung des PPM in den befragten Unternehmen

Des Weiteren wurde nach der **organisatorischen Verankerung des Projektportfoliomanagements** gefragt, um Aufschluss über die strategische Bedeutung des Projektportfoliomanagements in den Unternehmen zu erlangen.
Die Verteilung der Verantwortlichkeiten war wie folgt: 33,3 % (46 Antworten) der Befragten gaben an, dass der Portfoliomanager das Projektportfoliomanagement verantwortet. Das heißt, in einem Drittel der Unternehmen übernimmt mindestens eine speziell ausgebildete Person diese Funktion. Ein Portfolioboard ist in 12,3 % (17 Antworten) der Fälle für das Projektportfoliomanagement zuständig. Das deutet darauf hin, dass in einigen Unternehmen die Entscheidungen auf einer kollektiven oder Gremiumsbasis getroffen werden. Ein PMO (Projektmanagement Office) übernimmt in 30,4 % das Projektportfoliomanagement, während in 23,9 % der Fälle diese Verantwortung direkt bei der Geschäftsführung oder dem Vorstand liegt. In Abhängigkeit zur Unternehmensgröße lässt sich feststellen, dass das PPM in großen Unternehmen fast ausschließlich durch einen Portfoliomanager, ein PMO oder ein Portfolioboard organisiert ist. In kleinen Unternehmen hingegen ist das PPM meist direkt bei der Geschäftsführung/dem Vorstand verankert. Das PPM in den mittleren Unternehmen

ist durch alle genannten Organisationseinheiten zu ähnlichen Anteilen in den Unternehmen verankert. Dies gibt Aufschluss darüber, dass in einem bedeutenden Anteil der Unternehmen die oberste Führungsebene direkt in das Management von Projekten involviert ist, was eine strategisch hervorgehobene Relevanz von Projekten vermuten lässt.

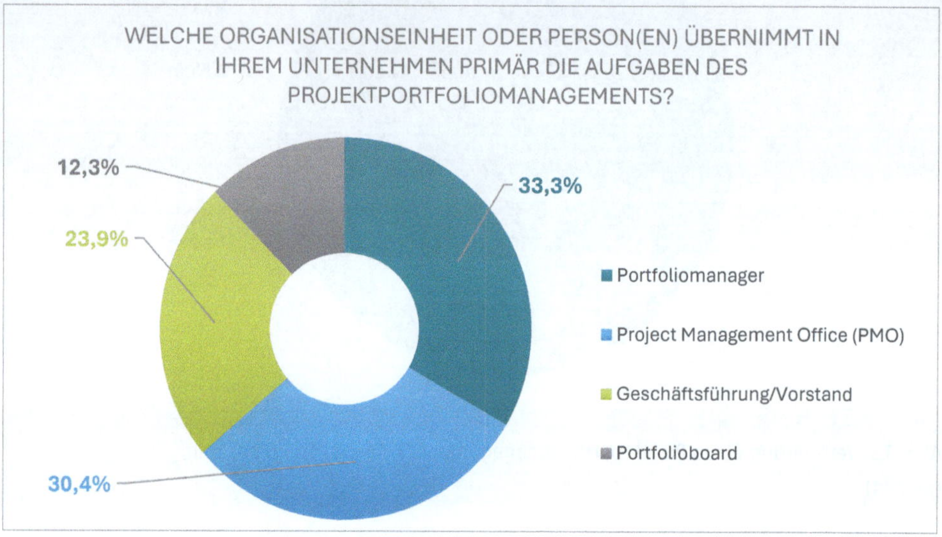

Abb. 14: Organisatorische Verankerung des PPM
(n=138)

Insgesamt zeigen die Ergebnisse unterschiedliche organisatorische Zuordnungen des Projektportfoliomanagements. Während einige Unternehmen auf spezialisierte Rollen wie Portfoliomanager oder PMOs setzen, bevorzugen andere eine engere Anbindung an die Unternehmensführung, was eine direktere Steuerung und Priorisierung von Projekten durch das Top-Management ermöglicht.

Bewertungskriterien und ihre Bedeutung bei der Selektion von Projektideen und Projektanträgen im Rahmen des Projektportfoliomanagements

Bei der Bewertung von Projektideen und Projektanträgen wurde zunächst abgefragt, welche verschiedene Kriterien bei Entscheidungen im Projektportfoliomanagement eine Rolle spielen könnten. Zunächst erfolgt eine Betrachtung der durchschnittlichen Werte der jeweiligen Kriterien. Dabei bedeutet ein Wert von 1 „überhaupt nicht wichtig“, 2 „nicht sehr wichtig“, 3 „einigermaßen wichtig, 4 „sehr wichtig“ und 5 „entscheidend“.

Betrachtung auf Basis von Mittelwerten:

Die **strategische Bedeutung** eines Projekts wurde mit einem Durchschnittswert von 4,3 als das am höchsten bewertete Kriterium identifiziert. Dies unterstreicht die Priorisierung der Ausrichtung von Projekten auf langfristige Unternehmensziele und den Beitrag von Projekten zu Unternehmensstrategien.
Auch die **Wirtschaftlichkeit** hat mit einem Mittelwert von 4,1 eine hohe Bedeutung. Vermutlich sind die finanzielle Tragfähigkeit und der erwartete Return on Investment der Projekte wichtige Überlegungen bei der Projektbewertung. Eng verbunden mit diesem Kriterium sind die **erwarteten Erlöse** durch das Projektergebnis, die mit einem Mittelwert von 3,9 von den Befragten als ebenfalls wichtig angesehen werden. Anscheinend hat die erwartete Rentabilität eines Projekts eine zentrale Rolle bei der Entscheidungsfindung. Mit einem Mittelwert von 3,8 folgt das **Projektbudget**. Die finanziellen Ressourcen, die für die Durchführung des Projekts notwendig sind, scheinen demnach eine ebenfalls hohe Bedeutung zu haben.
Die erforderlichen **personellen Ressourcen** und **Muss-Kriterien**, wie juristische oder technische Anforderungen und interne Richtlinien, zeigen ebenfalls hohe Mittelwerte von jeweils 3,9 auf. Demnach sind auch die Verfügbarkeit von Personal sowie die Einhaltung von gesetzlichen und unternehmensinternen Vorgaben als Entscheidungskriterien von sehr hoher Bedeutung im Projektportfoliomanagement.
Risiken, **Nachhaltigkeit** und die **Projektdauer** werden zwar auch als wichtige Faktoren eingeschätzt, jedoch weisen sie relativ niedrigere Mittelwerte von 3,6, 3,4 und 3,3 auf. Im Vergleich zu den finanziellen und strategischen Kriterien sind sie wohl weniger bedeutsam. Auch die **Abhängigkeiten zu anderen Projekten** sind mit einem Mittelwert von 3,5 zwar wichtig, allerdings nicht primär entscheidend.

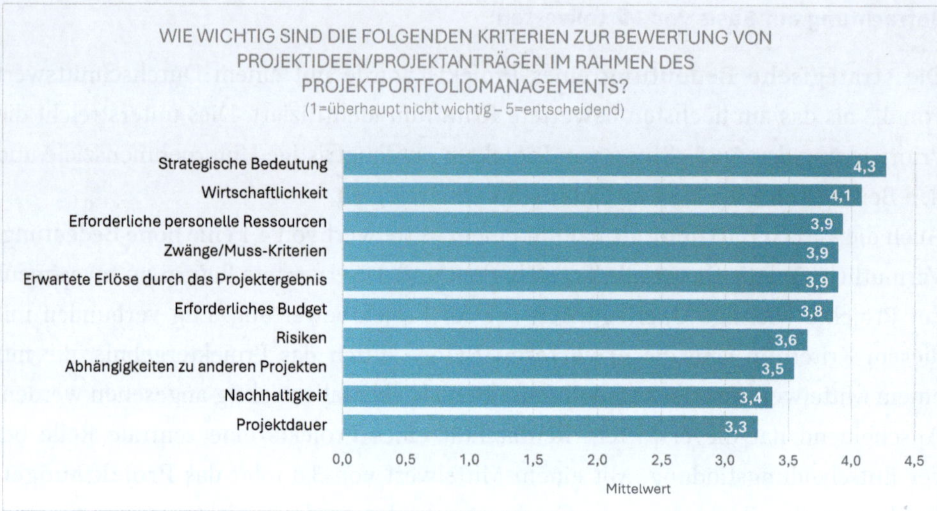

Abb. 15: Mittelwerte der Kriterien zur Selektion von Projektideen/Projektanträgen im Rahmen des Projektportfoliomanagements
(n=137)

Betrachtung auf Basis der Antwortkategorien:

Des Weiteren lassen sich Priorisierungen in den Bewertungskriterien für Projektideen und -anträge im Rahmen des Projektportfoliomanagements erkennen: Die **strategische Bedeutung** wird mit 55 Antworten als „entscheidend“ und 69 Antworten als „sehr wichtig“ bewertet, was zusammen 91 % ausmacht. Nur eine einzige befragte Person sah dies als „überhaupt nicht wichtig“ an. Dies könnte die Priorität, die Unternehmen der strategischen Ausrichtung ihrer Projekte beimessen, widerspiegeln.

Von sehr hoher Bedeutung sind ebenfalls Kriterien, welche die finanzielle Perspektive der Projekte hervorzuheben scheinen: Die **Wirtschaftlichkeit** wird in 50 Fällen als „entscheidend“ und 55 Fällen als „sehr wichtig“ somit von Dreiviertel der Befragten als wesentlich eingestuft (76 %). Die erforderlichen **personellen Ressourcen** folgen dicht darauf mit 33 („entscheidend“) und 69 („sehr wichtig“) Zustimmungen (ebenfalls nahezu drei Viertel der Befragten, 74 %). Das erforderliche **Projektbudget** wurde 30-mal als „entscheidend“ und 70-mal als „sehr wichtig“ bewertet (auch fast drei Viertel der Befragten, 73 %). Das Kriterium der **erwarteten Erlöse** durch das Projektergebnis verzeichnet ebenfalls eine hohe Wichtigkeit: 37 Personen stimmten für „entscheidend“ und 57 antworteten „sehr wichtig“ (zusammen 68 %). Das Kriterium **Risiken** wurde ähnlich bewertet. Es gab 28 Antworten für „entscheidend“ und 56 für „sehr wichtig“ (mehr als die Hälfte, 61 %).

Die Ergebnisse zur **Projektdauer** zeigen ein anders Bild: lediglich 17 Befragte stimmten für „entscheidend“ und 35 Befragte gaben „sehr wichtig“ an (etwas mehr als ein Drittel, 38 %).

Beim Aspekt der **Nachhaltigkeit** beurteilten 15 Befragte dieses als „entscheidend“ und 54 als „sehr wichtig" (die Hälfte, 50 %). 42 Befragte antworteten „einigermaßen wichtig“, 21 mit „nicht sehr wichtig“ und 6 „überhaupt nicht wichtig“ (weniger als ein Fünftel, 20 %).

Juristische, technische Zwänge oder Muss-Kriterien erhielten 39 Zustimmungen für „entscheidend“ und 57 für „sehr wichtig“ (zusammen 70 %), so dass von einer relativ hohen Bedeutung in der Projektbewertung auszugehen ist. Die Abhängigkeiten zu anderen Projekten wurden mit 15 Stimmen für „entscheidend“ und 62 für „sehr wichtig“ eingeschätzt (zusammen 56 %).

Insgesamt zeigen diese Ergebnisse, dass Unternehmen eine mehrdimensionale Herangehensweise bei der Bewertung von Projektvorschlägen verfolgen, wobei bestimmte Kriterien wie strategische Bedeutung und finanzielle Kriterien eine dominierende Rolle spielen. Das Kriterium Nachhaltigkeit scheint ebenfalls eine wichtige Rolle einzunehmen, da mehr als die Hälfte der Befragten eine hohe Bedeutung sehen und nur ein Fünftel eine geringe Bedeutung.

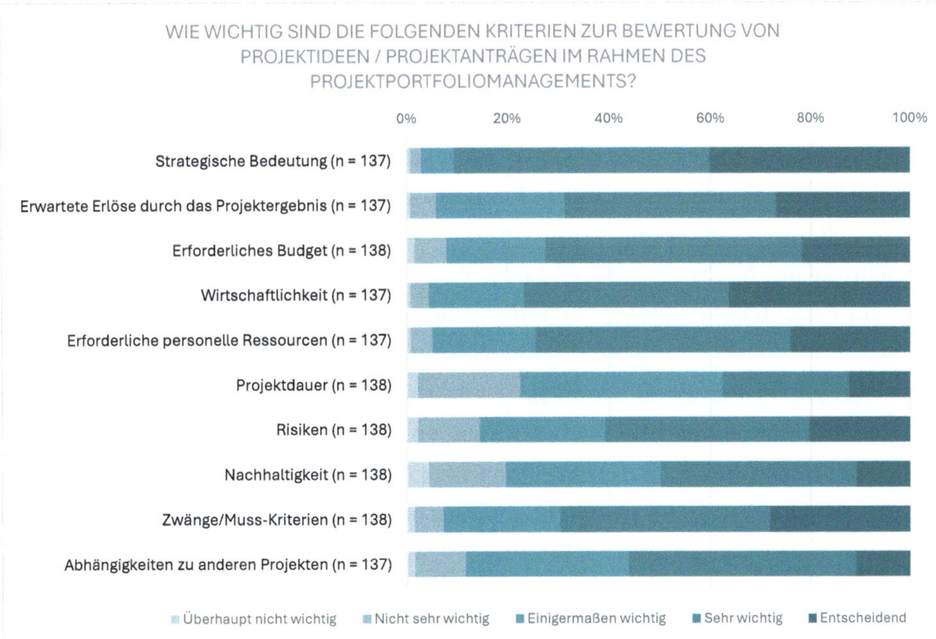

Abb. 16: Bedeutung von Kriterien zur Selektion von Projektideen/Projektanträgen

Die wichtigsten Ergebnisse auf einen Blick:

1. Ein Projektportfoliomanagement ist mehrheitlich in den befragten Unternehmen implementiert. Hierbei handelt es sich vor allem um mittlere bis große Unternehmen.
2. In Abhängigkeit zur Unternehmensgröße lässt sich feststellen, dass das Projektportfoliomanagement in großen Unternehmen fast ausschließlich durch einen Portfoliomanager, ein PMO oder ein Portfolioboard organisiert ist. In kleinen Unternehmen hingegen ist das Projektportfoliomanagement meist direkt bei der Geschäftsführung/dem Vorstand verankert.
3. Die wichtigsten Kriterien zur Selektion von Projektideen und -anträgen im Projektportfoliomanagement sind die strategische Bedeutung sowie finanzielle Größen wie Wirtschaftlichkeit, erwartete Erlöse und das Projektbudget.
4. Nachhaltigkeit ist ein wichtiges, aber nachgelagertes Kriterium zur Selektion von Projektideen und -anträgen im Projektportfoliomanagement.

4.1.3 Nachhaltigkeit als Kriterium im Projektportfoliomanagement

Anteil an Projekten zur Umsetzung expliziter Nachhaltigkeitsziele des Unternehmens

Die Ergebnisse aus den Antworten zur Implementierung von Nachhaltigkeitszielen in Projektportfolios ergaben ein differenziertes Bild darüber, wie Nachhaltigkeit in den Projekten der Unternehmenspraxis verankert ist. 12,5 % der Befragten gaben an, dass ihre Unternehmen derzeit **keine Projekte** durchführen, die explizit auf Nachhaltigkeitsziele ausgerichtet sind. Hintergrund könnte sein, dass es keine strategische Ausrichtung auf Nachhaltigkeit gibt oder eine Berücksichtigung von Nachhaltigkeit nicht auf Projektebene, sondern in anderen Bereichen der Geschäftstätigkeit stattfindet.

Die Mehrheit der Befragten, nämlich 31,7 %, konstatiert, dass **weniger als 10 %** der Projekte im Unternehmen auf die Erreichung von Nachhaltigkeitszielen abzielen. Anscheinend ist Nachhaltigkeit nicht im unmittelbaren Fokus der meisten Unternehmen, obwohl Nachhaltigkeit als ein wichtiges Ziel betrachtet wird. 27,7 % der Befragten gaben an, dass **10 % bis unter 25 % ihrer Projekte** Nachhaltigkeitsziele verfolgen. Ein kleinerer Anteil der Befragten, 11,6 %, sieht Nachhaltigkeit in einem substanziellen Teil der Projekte verankert, nämlich **25 % bis unter 50 %**. Diese Gruppe scheint eine deutlichere Ausrichtung auf nachhaltige Unternehmensführung zu haben. Etwa ein

Zehntel der Befragten, 9,8 %, sehen bei der **Hälfte bis zu drei Vierteln der Projekte im Unternehmen** eine Verfolgung von Nachhaltigkeitszielen. Hier wird vermutlich eine stärkere Verpflichtung zu nachhaltigen Zielen vertreten. Ein größerer Fokus bezüglich Nachhaltigkeit wird in 4,9 % der Fälle verfolgt. Sie geben an, dass **75 % bis unter 100 % der Projekte** Nachhaltigkeitsziele verfolgen. Lediglich eine sehr kleine Gruppe von 1,8 % der Befragten sieht im Unternehmen **ausschließlich Projekte** mit expliziten Nachhaltigkeitszielen.
Insgesamt zeigen die Ergebnisse ein breites Spektrum an die Herangehensweisen des Themas Nachhaltigkeit in Unternehmen durch Projekte. Nachhaltigkeitsziele werden zwar im Projektportfolio integriert, jedoch legen nur sehr wenige Unternehmen einen klaren Schwerpunkt auf Projekte mit expliziten Nachhaltigkeitszielen.

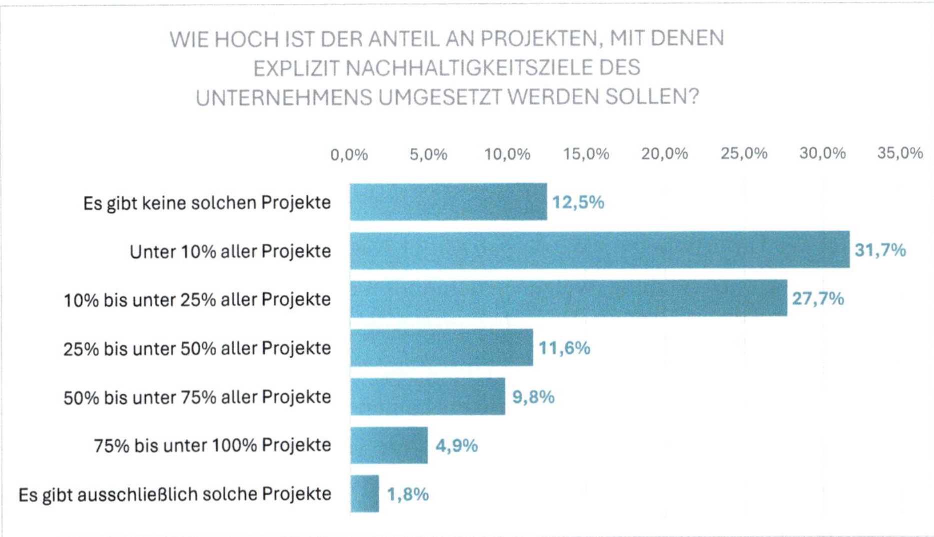

Abb. 17: Anteil an Projekten mit expliziten Nachhaltigkeitszielen (n=224)

Bedeutung von Nachhaltigkeit als Genehmigungskriterium für Projekte im Unternehmen

Auf die Frage zur **Bedeutung von Nachhaltigkeit als Genehmigungskriterium für Projekte** in Unternehmen geben 15,2 % der Befragten an, dass Nachhaltigkeit diesbezüglich „überhaupt nicht wichtig“ ist. Weitere 21,4 % der Befragten antworten, dass Nachhaltigkeit in diesem Kontext „nicht sehr wichtig“ ist. Insgesamt wird deutlich, dass für etwas mehr als ein Drittel der Befragten (36,6 %) Nachhaltigkeit keine vorrangige Rolle bei der Entscheidung über Projektgenehmigungen spielt.

Im Vergleich dazu sehen 30,8 % der Unternehmen Nachhaltigkeit als „einigermaßen wichtig“ an. Nachhaltigkeit scheint in diesen Unternehmen ein Faktor neben anderen Kriterien zu sein. Dies deutet auf eine ausgeglichene Anwendung von Kriterien hin, die ebenfalls wirtschaftliche und anderweitige Aspekte einbezieht.

Ein weiteres Viertel der Befragten, 25,4 %, erachten Nachhaltigkeit als „sehr wichtig“ für die Genehmigung von Projekten im Unternehmen und 6,7 % der Unternehmen stufen Nachhaltigkeit als „entscheidend“ ein. Demnach stellt fast ein Drittel der Befragten (32,1 %) in ihrem Unternehmen Nachhaltigkeit ins Zentrum ihrer Projektbewertungs- und Genehmigungsprozesse.

Zusammenfassend zeichnen die Ergebnisse eine annähernde Gleichverteilung der Prioritäten in Bezug auf Nachhaltigkeit bei Projektgenehmigungen ab. Jeweils etwa ein Drittel der Befragten berichtet, dass Nachhaltigkeit entweder ein untergeordnetes, ein gleichrangiges oder ein zentrales Kriterium bei der Genehmigung von Projekten darstellt.

Bedeutung von Nachhaltigkeit als Kriterium, damit ein bereits genehmigtes Projekt im Vergleich zu anderen Projekten priorisiert behandelt wird

Ein Viertel der Unternehmen, 26,3 %, betrachtet Nachhaltigkeit als „überhaupt nicht wichtig” bei der Entscheidung, welche genehmigten Projekte im Vergleich zu anderen bevorzugt behandelt werden sollen. Zusammen mit den 19,6 % der Befragten, die Nachhaltigkeit als „nicht sehr wichtig“ einstufen, zeigt dies, dass beinahe die Hälfte der Befragten dem Kriterium Nachhaltigkeit keinen entscheidenden Einfluss auf die Priorisierung von Projekten beimessen. Es könnte ein Hinweis darauf sein, dass bei dieser Gruppe bei der Zuteilung von Ressourcen wie Personal, Sach- und Finanzmitteln, Nachhaltigkeit keine Rolle spielt und stattdessen wirtschaftliche Überlegungen oder die strategische Bedeutung im Vordergrund stehen.

Im Vergleich dazu sieht mehr als ein Viertel der Befragten (27,7 %) Nachhaltigkeit als „einigermaßen wichtig“ an. Nachhaltigkeit ist hier also eins von vielen Kriterien, dass in den Entscheidungsprozess einfließt.

„Sehr wichtig“ finden Nachhaltigkeit 20,1 % der Befragten. Ein kleiner Anteil von 5,4 % der Befragten sieht Nachhaltigkeit als „entscheidend“ für die Priorisierung von Projekten. Es zeigt sich somit, dass ein Viertel der Befragten Nachhaltigkeit als Priorisierungskriterium im Projektportfoliomanagement betrachtet. Die Befragten weisen dabei keine Unterschiede hinsichtlich der Unternehmensgröße oder der zugehörigen Branche auf.

Insgesamt zeigen die Ergebnisse, dass Nachhaltigkeit in der Unternehmenspraxis eine heterogene Bedeutung bei der Priorisierung genehmigter Projekte hat.

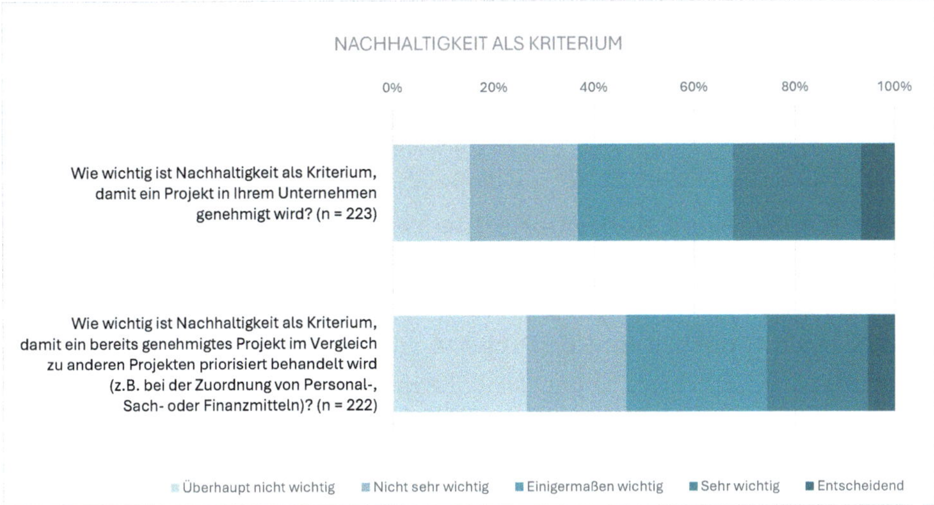

Abb. 18: Bedeutung von Nachhaltigkeit als Genehmigungskriterium für Projekte im Unternehmen

Arten von Projekten, die explizit Nachhaltigkeitsziele des Unternehmens umsetzen

Die Ergebnisse zur Einbindung von Nachhaltigkeitszielen in verschiedene Projektarten lassen erkennen, dass je nach Projektart die Umsetzung von Nachhaltigkeitszielen unterschiedliche Bedeutung hat.

Organisations- und HR-Projekte zeigen eine moderate Integration von Nachhaltigkeit, mit einem Mittelwert von 3,0. Anscheinend wird Nachhaltigkeit „gelegentlich" bis „oft" berücksichtigt. Rund 33,8 % der Befragten gaben an, dass in diesen Projekten „gelegentlich" Nachhaltigkeitsziele umgesetzt werden. 24,8 % tun dies „oft", während nur 9,5 % „immer" Nachhaltigkeitsziele verfolgen.

Ähnliche Ergebnisse sind für **IT-Projekte** mit einem Mittelwert von 2,9 zu sehen. 31,2 % dieser Projekte setzen „gelegentlich" und 20,2 % „oft" Nachhaltigkeitsziele um. 9,6 % der Projekte verfolgen diese Ziele „immer" und 13,3 % „nie".

Bei **F&E/Neuproduktentwicklungsprojekten** scheint die Umsetzung von Nachhaltigkeit eine höhere Bedeutung zu haben. Hier wird ein ähnlicher Mittelwert von 3,1 erreicht. Diese Projekte berücksichtigen „oft" (35 %) oder „immer" (11,8 %) Nachhaltigkeitsziele, wobei 15,9 % der Projekte diese Ziele „nie" verfolgen.

In **Marketing- und Vertriebsprojekten** (Mittelwert von 2,8) hat die Einbindung von Nachhaltigkeit eine etwas geringere Bedeutung. In 25 % der Fälle werden Ziele „oft" und in 7,3 % „immer" umgesetzt. 18,6 % der Projekte setzen „nie" Nachhaltigkeitsziele um.

Die Einbindung von Nachhaltigkeit in **Infrastrukturprojekte** ist ebenfalls mit einem Mittelwert von 2,9 relativ hoch. Nachhaltigkeit wird hier „oft" (26,1 %) und „gelegentlich" (25,7 %) berücksichtigt. 10,6 % der Projekte setzen „immer" Nachhaltigkeitsziele um.

Externe Kunden- und Auftragsprojekte weisen einen Mittelwert von 3,0 auf. Nachhaltigkeit wird „oft" (28,1 %) und „gelegentlich" (24,9 %) berücksichtigt. 10,9 % der Projekte setzen „immer" Nachhaltigkeitsziele um.

In der Kategorie **Sonstige interne Projekte** zeigt der Mittelwert von 2,5 auf, dass Nachhaltigkeit eher weniger häufig eine Rolle spielt. Nur 15,8 % geben an, dass diese Projekte „oft" und 5,1 % „immer" Nachhaltigkeitsziele umsetzen.

Bei **Sonstigen externen Projekten** zeigt sich ein ähnliches Bild. Der Mittelwert von 2,5, mit 17,6 % der Projekte, die „oft" und nur 5,7 %, die „immer" Nachhaltigkeitsziele umsetzen, ist die geringe Bedeutung der Umsetzung von Nachhaltigkeitszielen deutlich.

Insgesamt ist ersichtlich, dass Nachhaltigkeit je nach Projekttyp in unterschiedlichem Maße integriert wird. Insbesondere bei F&E-/Neuproduktentwicklungsprojekten, Infrastrukturprojekten und Kunden-/Auftragsprojekten sind Nachhaltigkeitsziele häufiger explizite Projektziele. In anderen Bereichen, vor allem bei den sonstigen internen und externen Projekten, hat die Umsetzung von Nachhaltigkeitszielen derzeit keine größere Relevanz.

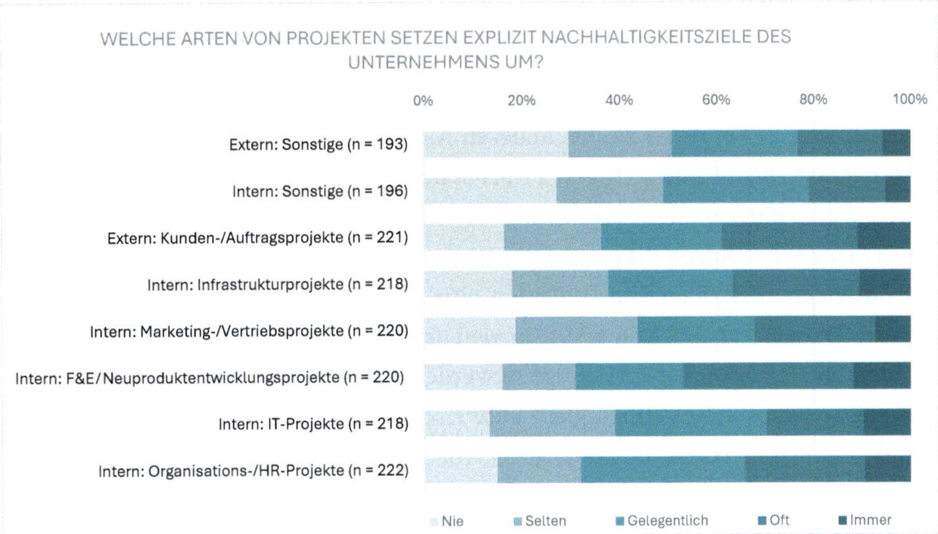

Abb. 19: Umsetzung von Nachhaltigkeitszielen durch verschiedene Projektarten

Stadium der Projekte im Unternehmen mit Nachhaltigkeitsbezug

15,4 % der Befragten haben im Unternehmen keine Projekte im Stadium **Projektideen** mit Nachhaltigkeitsbezug. Die Mehrheit, 37,1 %, verfolgt bis zu fünf, 18,1 % zwischen fünf und zehn, und 15,4 % zwischen zehn und zwanzig solcher Ideen. Der Mittelwert von 2,9 in dieser Kategorie deutet darauf hin, dass Nachhaltigkeit zwar berücksichtigt wird, jedoch vermutlich nicht in allen Projektideen konsequent enthalten ist.

Im Stadium **Projektkandidaten** ist eine ähnliche Verteilung zu sehen. 16,7 % der Befragten verfügen im Unternehmen über keine Projekte in dieser Entwicklungsphase. Ein relativ hoher Anteil von 39,4 % hat bis zu fünf, und 23,1 % fünf bis zehn Projektkandidaten. Der im Vergleich zu dem Stadium Projektideen leicht niedrigere Mittelwert von 2,7 suggeriert, dass Nachhaltigkeit zwar eine Rolle spielt, allerdings auch nicht das dominierende Kriterium bei der Weiterentwicklung von Projekten darstellt.

In der Kategorie **aktive Projekte im Portfolio** geben 13,5 % der Teilnehmer an, dass in ihren Unternehmen keine aktiven Projekte mit Nachhaltigkeitsbezug vorhanden sind. Die Mehrheit, 39,6 %, führt bis zu fünf Projekte aktiv durch, und weitere 20,7 % haben derzeit zwischen fünf und zehn solcher Projekte. Der Mittelwert von 2,8 weist darauf hin, dass Nachhaltigkeit wie bei der Kategorie der Projektidee ein recht bedeutendes Element bei der aktiven Projektumsetzung ist.

In Bezug auf inaktive Projekte weisen mit 35,2 % den höchsten Anteil an Antworten diejenigen Befragten auf, deren Unternehmen zurzeit keine inaktiven Projekte mit Nachhaltigkeitsbezug haben. 32 % haben bis zu fünf und 16,4 % fünf bis zehn inaktive Projekte. Der im Vergleich zu den anderen Kategorien niedrigste Mittelwert von 2,3 zeigt möglicherweise eine geringere Priorität bei der Wiederaufnahme solcher Projekte oder es gab in der Vergangenheit kaum Projekte mit Nachhaltigkeitsbezug.

Zusammengefasst zeigen diese Ergebnisse, dass Nachhaltigkeit aktuell in verschiedenen Entwicklungsstadien von Projekten eine Rolle spielt. Allerdings gibt es Unterschiede: Derzeit scheint besonders in den frühen Phasen der Projektentwicklung Nachhaltigkeit stärker berücksichtigt zu werden, während inaktive Projekte tendenziell weniger Fokus auf Nachhaltigkeit aufweisen. Dies könnte so interpretierbar sein, dass Projekte mit Nachhaltigkeitsbezug vor allem in der jüngeren Vergangenheit initiiert wurden.

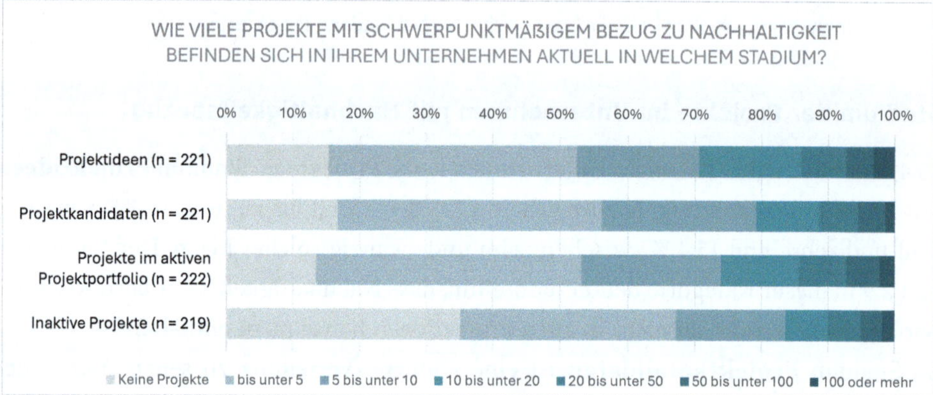

Abb. 20: Stadium der Projekte mit schwerpunktmäßigem Bezug zu Nachhaltigkeit im Unternehmen

Nachhaltigkeit als Kriterium für die verschiedenen Stakeholder, damit sie ein Projekt im Unternehmen als positiv einstufen

Die Ergebnisse zur Bedeutung von Nachhaltigkeit für verschiedene Stakeholdergruppen verdeutlichen, wie wichtig dieses Kriterium für die Bewertung von Unternehmensprojekten ist. Zu betonen ist, dass es sich bei den Antworten um die Einschätzungen aus Sicht der Befragten handelt, wie sie die Bedeutung von Nachhaltigkeit in Bezug auf Projekte für die jeweilige Stakeholdergruppe einordnen. Die Antworten zeigen, dass Nachhaltigkeit grundsätzlich für alle Stakeholdergruppen von Bedeutung zu sein scheint, wobei die Bewertung dieser Bedeutung variiert. Auffällig ist die geringe

Streuung der Mittelwerte um die mittlere Antwortkategorie „einigermaßen wichtig" für alle Stakeholdergruppen.

Kunden messen laut der Befragten der Nachhaltigkeit einen hohen Stellenwert bei. Der durchschnittliche Wert liegt hier bei 3,4, was auf eine relativ hohe Relevanz schließen lässt. Einzelheiten der Bewertungen zeigen, dass 7 % der Kunden der Befragten Nachhaltigkeit als „überhaupt nicht wichtig" ansehen, während 15 % sie als „nicht sehr wichtig" und 27,7 % als „einigermaßen wichtig" bewerten. Eine Mehrheit von 33,8 % sieht Nachhaltigkeit bei dieser Stakeholdergruppe als „sehr wichtig" und 16,4 % als „äußerst wichtig" an.

Bei **Eigenkapitalgebern/Eigentümern** ist ein Mittelwert von 3,3 festzustellen. Hier finden laut Einschätzungen der Befragten 10,9 % Nachhaltigkeit „überhaupt nicht wichtig", 12,4 % „nicht sehr wichtig", 31,2 % „einigermaßen wichtig", 26,7 % „sehr wichtig" und 18,8 % „äußerst wichtig".

Die Antworten zu **Fremdkapitalgebern** zeigen mit einem Mittelwert von 2,9, dass Nachhaltigkeit hier ebenfalls als wichtiges Kriterium angesehen wird, jedoch mit geringerer Intensität als bei Kunden. 20,5 % der Befragten geben an, dass die Fremdkapitalgeber Nachhaltigkeit als „überhaupt nicht wichtig", 17 % als „nicht sehr wichtig" und 27,3 % als „einigermaßen wichtig" betrachten. „Sehr wichtig" und „äußerst wichtig", erreichen 23,9 % bzw. 11,4 % der Antworten.

Für die Stakeholdergruppe **Lieferanten** ergibt sich bei der Wichtigkeit von Nachhaltigkeit ein Durchschnittswert von 2,9. 18 % der Befragten schätzen ein, dass Nachhaltigkeit für Lieferanten „überhaupt nicht wichtig", 19,6 % „nicht sehr wichtig", 29,9 % „einigermaßen wichtig", 22,7 % „sehr wichtig" und 9,8 % „äußerst wichtig" ist.

Bei der **allgemeinen Öffentlichkeit** zeigen die Ergebnisse den höchsten Mittelwert von 3,5. Die Befragten geben an, dass diese Stakeholdergruppe Nachhaltigkeit zu 6,9 % „überhaupt nicht wichtig", 10,4 % „nicht sehr wichtig", 29,7 % „einigermaßen wichtig", 34,7 % „sehr wichtig" und 18,3 % „äußerst wichtig" einschätzt.

Politik scheint in der Einschätzung der Befragten der Nachhaltigkeit ebenfalls hohe Priorität mit einem Mittelwert von 3,3 einzuräumen. Allerdings zeigen die Antworten ein unterschiedliches Bild: 8,5 % betrachten Nachhaltigkeit als Kriterium bei dieser Stakeholdergruppe als „überhaupt nicht wichtig", 17 % als „nicht sehr wichtig", 28,5 % als „einigermaßen wichtig", 28 % als „sehr wichtig" und 18 % als „äußerst wichtig".

Betriebliche Mitbestimmung/Gewerkschaften erreicht einen Mittelwert von 2,9. Aus Sicht der Befragten betrachten 16,6 % dieser Stakeholdergruppe das Kriterium Nachhaltigkeit als „überhaupt nicht wichtig", 18,1 % als „nicht sehr wichtig", 32,6 % als „einigermaßen wichtig", 23,3 % als „sehr wichtig" und 9,3 % als „äußerst wichtig".

Für **Mitarbeiter** wird ein Durchschnittswert von 3,4 erreicht. Die Details zeigen, dass laut der Befragten 8,1 % der Mitarbeiter das Kriterium Nachhaltigkeit als „überhaupt nicht wichtig“ und 10,5 % als „nicht sehr wichtig“ betrachten, während 29 % es als „einigermaßen wichtig“, 34,8 % als „sehr wichtig“ und 17,6 % als „äußerst wichtig“ ansehen.

Die **Unternehmensleitung** weist in der Einschätzung der Befragten der Nachhaltigkeit mit einem Mittelwert von 3,5, ebenso wie die allgemeine Öffentlichkeit, eine sehr hohe Bedeutung auf. Innerhalb dieser Stakeholdergruppe werden durch die Befragten 9,4 % Nachhaltigkeit als „überhaupt nicht wichtig“, 8,9 % als „nicht sehr wichtig“, 28,2 % als „einigermaßen wichtig“, 33,8 % als „sehr wichtig“ und 19,7 % als „äußerst wichtig“ eingestuft.

Auftraggeber der Projekte zeigen laut der Befragten ebenfalls Interesse an Nachhaltigkeit, was der Mittelwert von 3,3 vermuten lässt. Hier schätzen die Befragten aus Sicht der Auftraggeber für 9,2 % Nachhaltigkeit als „überhaupt nicht wichtig“, 15,5 % als „nicht sehr wichtig“, 31,9 % als „einigermaßen wichtig“, 25,1 % als „sehr wichtig“ und 18,4 % als „äußerst wichtig“.

Projektmanager ordnen aus Sicht der Befragten die Wichtigkeit von Nachhaltigkeit ebenfalls mit einem Mittelwert von 3,3 ein. In dieser Gruppe sehen gemäß der Umfrageergebnisse 9,1 % Nachhaltigkeit als „überhaupt nicht wichtig“, 12,4 % als „nicht sehr wichtig“, 35,4 % als „einigermaßen wichtig“, 29,2 % als „sehr wichtig“ und 13,9 % als „äußerst wichtig“.

Die Projektmitarbeiter bzw. das Projektteam bewerten die Wichtigkeit von Nachhaltigkeit in der Einschätzung der Befragten mit einem Mittelwert von 3,2. Dabei betrachten laut der Befragten 9,1 % der Projektmitarbeiter Nachhaltigkeit als „überhaupt nicht wichtig“, 12,4 % als „nicht sehr wichtig“, 34,4 % als „einigermaßen wichtig“, 32,5 % als „sehr wichtig“ und 11,5 % als „äußerst wichtig“.

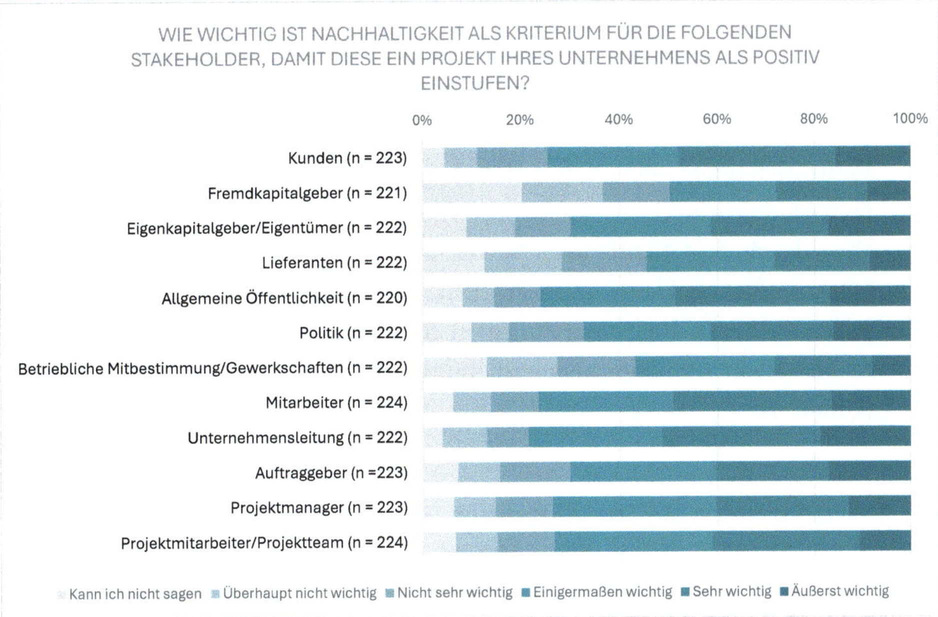

Abb. 21: Nachhaltigkeit als Kriterium für die verschiedenen Stakeholder, damit sie ein Projekt im Unternehmen als positiv einstufen

Die wichtigsten Ergebnisse auf einen Blick:

1. Nachhaltigkeitsziele werden zwar im Projektportfolio integriert, jedoch legen nur sehr wenige Unternehmen einen Schwerpunkt auf Projekte mit expliziten Nachhaltigkeitszielen.
2. Nachhaltigkeit als Kriterium zur Genehmigung und Priorisierung von Projekten zeigt sich heterogen: ein Viertel bis ein Drittel sieht Nachhaltigkeit als entscheidend an, genauso viele jedoch nicht.
3. Insbesondere bei F&E-/Neuproduktentwicklungsprojekten, Infrastrukturprojekten und Kunden/Auftragsprojekten sind Nachhaltigkeitsziele häufiger explizite Projektziele.
4. Derzeit scheint besonders in den frühen Phasen der Projektentwicklung Nachhaltigkeit stärker berücksichtigt zu werden, während inaktive Projekte tendenziell weniger Fokus auf Nachhaltigkeit aufweisen. Möglicherweise sind Projekte mit Nachhaltigkeitsbezug vor allem in der jüngeren Vergangenheit initiiert worden. Allerdings wäre auch eine andere Interpretation möglich: Nachhaltigkeit kann aus dem Fokus geraten, wenn im Laufe der Projektum-

setzung die klassischen Erfolgsmaßstäbe Zeit, Kosten und Leistungsumfang stärker ins Augenmerk der Projektleitung rücken. Gerade dann wäre jedoch ein Projektportfoliomanagement zielführend, wenn es die kontinuierliche Berücksichtigung aller definierten Kriterien – inklusive Nachhaltigkeit – einfordert.

5. Die allgemeine Öffentlichkeit sowie die Kunden werden als die zentralen externen Stakeholdergruppen gesehen, die Nachhaltigkeit als Kriterium zur positiven Beurteilung von Projekten heranziehen. Unternehmensintern ist es vor allem die Unternehmensleitung, die das Kriterium Nachhaltigkeit heranzieht.

4.1.4 Die Sustainable Development Goals als Kriterien im Rahmen des Projektportfoliomanagements

Verwendung der UN Sustainable Development Goals (SDGs) im Rahmen des Projektportfoliomanagements als Kriterien zur Selektion von Projekten

Von den befragten Teilnehmern gaben 40,2 % an, dass in ihrem Unternehmen die Sustainable Development Goals (SDGs) der Vereinten Nationen als Kriterien zur Auswahl von Projekten herangezogen werden. Die Ergebnisse zeigen, dass eine spürbar hohe Anzahl von Unternehmen die globalen Ziele für nachhaltige Entwicklung aktiv in ihre Projektmanagementstrategien integrieren.

Allerdings geben 48,2 % der Befragten an, dass die SDGs nicht in den Projektselektionsprozess einbezogen werden. Anscheinend haben ebenso viele Unternehmen noch nicht die Notwendigkeit gesehen oder die Mittel, diese spezifischen Ziele in ihre Projektplanung zu integrieren.

Weitere 11,6 % der Teilnehmer gaben an, dies nicht zu wissen. Vielleicht sind die SDGs in diesen Unternehmen noch nicht bekannt oder aber die Bedeutung von Nachhaltigkeit spielt in den Projekten dieser Unternehmen allgemein eine geringere Rolle.

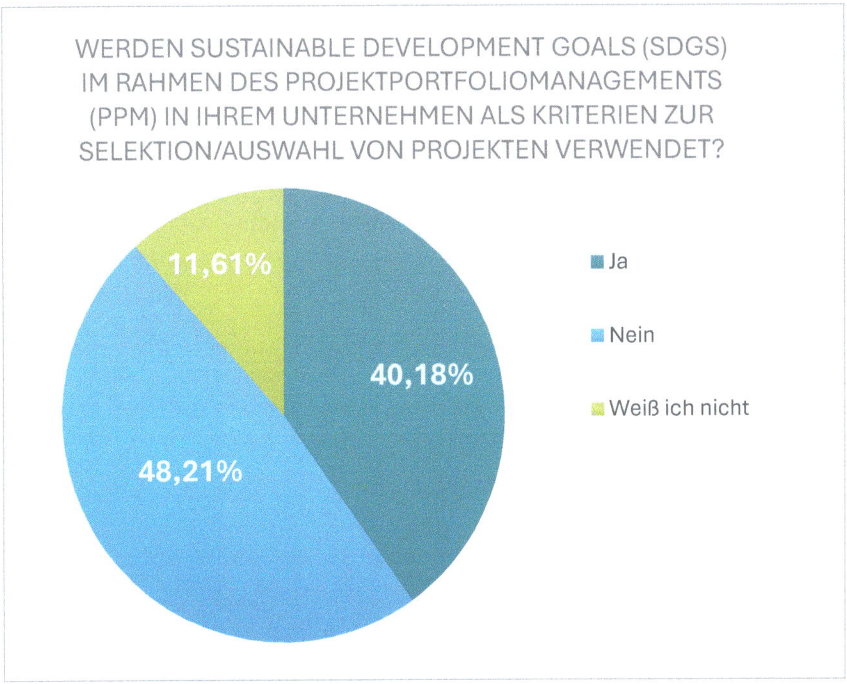

Abb. 22: Verwendung von Sustainable Development Goals (SDGs) im Rahmen des Projektportfoliomanagements (PPM) als Kriterien zur Selektion/Auswahl von Projekten

Bedeutung der Sustainable Development Goals (SDGs) im Rahmen des Projektportfoliomanagements (PPM) als Kriterien zur Selektion/Auswahl von Projekten

Die Frage danach, wie wichtig die SDGs im Rahmen des Projektportfoliomanagements als Selektionskriterium von Projekten im Unternehmen ist, wurde nur denjenigen Befragungsteilnehmern eingeblendet, welche die vorherige Frage nach der grundsätzlichen Anwendung der SDGs im PPM mit „ja" beantwortet haben.

Von diesen Befragten antwortete eine Person mit „kann ich nicht sagen", niemand beurteilte die SDGs als „überhaupt nicht wichtiges" Selektionskriterium und nur 5,6 % die SDGs als „nicht sehr wichtig" für die Projektselektion. Somit zeigt sich, dass nur eine sehr kleine Minderheit den SDGs eine geringe Bedeutung beimisst, obwohl diese ein verankertes Selektionskriterium darstellen. Ein größerer Anteil von 37,1 % der Antworten bewertet die SDGs als „einigermaßen wichtig". Anscheinend sind die SDGs ein Kriterium von mehreren Faktoren bei der Projektentscheidung. „Sehr wichtig" finden 38,2 % der Teilnehmer die SDGs. Insofern räumt eine relativ hohe Anzahl der Befragten den SDGs eine größere Bedeutung ein und integriert sie vermutlich als wesentliche Komponenten in ihre Projektbewertungsprozesse. Die Kategorie „äußerst wichtig“ umfasst 19,1 % der Antworten. D.h. fast ein Fünftel der Befragten gibt an, dass die SDGs als zentrale Kriterien bei der Auswahl und Priorisierung von Projekten im Unternehmen verwendet werden. Insgesamt zeigt sich damit, dass in deutlich mehr als der Hälfte der Fälle, in denen SDGs grundsätzlich im Projektportfoliomanagement zur Anwendung kommen (57 %), die SDGs dann auch als „sehr“ oder „äußerst wichtige“ Selektionskriterien im Projektportfoliomanagement angesehen werden.

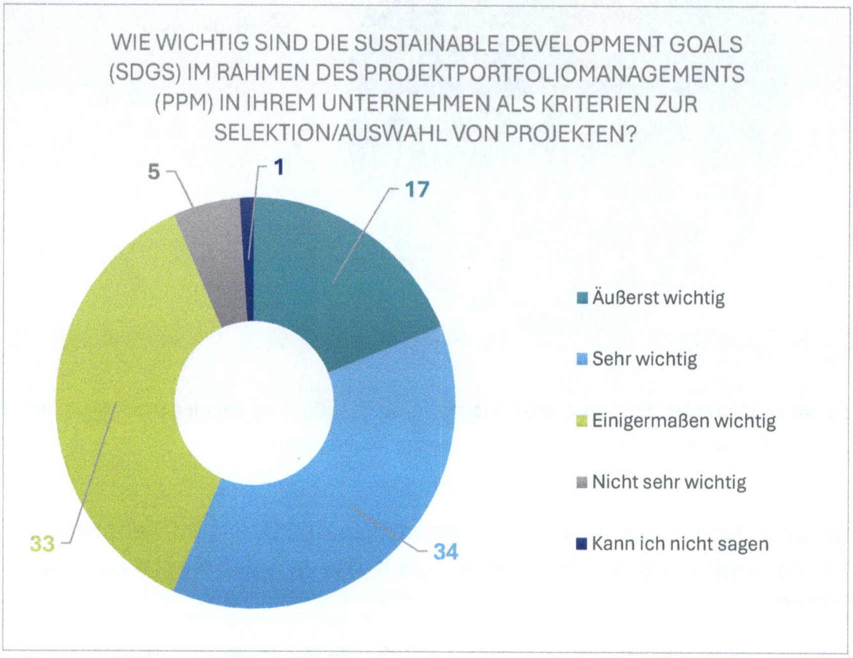

Abb. 23: Bedeutung der Sustainable Development Goals (SDGs) im Rahmen des Projektportfoliomanagements (PPM) als Kriterien zur Selektion/Auswahl von Projekten
(n=90)

Schwerpunkte in den 17 SDGs von aktuell laufenden oder innerhalb der letzten 12 Monate abgeschlossenen Projekten

Die Ergebnisse zur Beteiligung von Unternehmen an Projekten, die sich auf die Sustainable Development Goals (SDGs) konzentrieren, zeigen, wie spezifische Nachhaltigkeitsziele in der Unternehmenspraxis umgesetzt werden. Dabei war es den Befragten möglich, mehrfache Antworten zu vergeben.

SDG 13 (Klimamaßnahmen) ist das am häufigsten vertretene Ziel mit 95 Antworten, was 42,4 % der Antworten entspricht. Dies spiegelt vermutlich die hohe Priorität, die das Thema Klimaschutz aktuell und in der jüngeren Vergangenheit in der deutschen Wirtschaft und Gesellschaft hat, wider. Dicht dahinter folgt **SDG 9 (Industrie, Innovation und Infrastruktur)** mit 93 Antworten, was 41,5 % der Befragten umfasst. **SDG 7 (Bezahlbare und saubere Energie)** erreicht 77 Antworten bzw. 34,4 %. Insofern sind wahrscheinlich Energieeffizienz und erneuerbare Energien bei den Unternehmen ein stark vertretendes Thema. **SDG 3 (Gesundheit und Wohlergehen)** scheint ebenfalls ein Kernthema in der Unternehmenspraxis zu sein. Diese Kategorie erhält 73 Antworten bzw. 32,6 % der Befragten stimmen hier zu.

Etwas weniger häufig vertreten ist das **SDG 8 (Menschenwürdige Arbeit und Wirtschaftswachstum)**. 63 bzw. 28,1 % der Befragten geben an, dass sie dieses Ziel mit den Projekten verfolgen. **SDG 4 (Hochwertige Bildung)** wird in 56 Fällen (25 %) priorisiert. Insofern scheinen nachhaltige wirtschaftliche Entwicklung und Förderung von Bildung keine explizite Priorität bei den Unternehmen der Befragten zu sein.

SDG 5 (Geschlechtergerechtigkeit) wird in 49 Fällen (21,9 %) angegeben. Gleichstellung scheint ein wichtiges Thema zu sein, jedoch keine besonders herausragende Rolle in den Projekten zu spielen. **SDG 12 (Verantwortung bei Konsum und Produktion)** sowie **SDG 11 (Nachhaltige Städte und Gemeinden)** werden jeweils von 21 % bzw. 20,5 % der Fälle fokussiert. Projekte, die sich mit **SDG 10 (Weniger Ungleichheiten)** befassen, erreichen 16,1 % der Antworten. **SDG 16 (Frieden, Gerechtigkeit und starke Institutionen)** wird nur in 11,2 % der Fälle verfolgt. Diese Ergebnisse zeigen, dass bei Projekten Ziele für die Schaffung gerechterer und inklusiverer Gesellschaften von mittlerer bis geringerer Bedeutung sind.

Am unteren Ende der Anzahl von Antworten befinden sich das **SDG 15 (Leben an Land)** und das **SDG 14 (Leben unter Wasser)**, die lediglich in 9,4 % bzw. 5,4 % der Fälle berücksichtigt werden und spezifischere Umweltbelange adressieren.

15,2 % der Befragten geben an, dass Projekte in ihrem Unternehmen in **keinem der 17 SDGs** einen Schwerpunkt aufweisen.

Abb. 24: Einzelne Schwerpunkte in SDGs von aktuell laufenden oder innerhalb der letzten zwölf Monate abgeschlossenen Projekten
(Mehrfachnennungen möglich)

Thematische Gliederung der Schwerpunkte in SDGs von aktuell laufenden oder innerhalb der letzten zwölf Monate abgeschlossenen Projekten

Bei einer thematischen Gliederung der Schwerpunkte von Nachhaltigkeitsprojekten nach wirtschaftlichen, ökologischen und sozialen Zielen, lassen sich weitere Aussagen treffen. Generell lassen sich drei relativ gleich verteilte Kategorien erkennen: soziale, wirtschaftliche und ökologische Ziele.

- **Soziale Ziele** umfassen die SDGs 1 (Keine Armut), 2 (Kein Hunger), 3 (Gesundheit und Wohlergehen), 4 (Hochwertige Bildung), 5 (Geschlechtergerechtigkeit), 10 (Weniger Ungleichheiten) und 16 (Frieden, Gerechtigkeit und starke Institutionen) und sind durch 264 Antworten vertreten. Diese Kategorie erreicht die höchste Antwortzahl und lässt das Bestreben von Unternehmen erkennen, soziale Gerechtigkeit, Bildung, Gesundheitsförderung und die Bekämpfung von Ungleichheit mittels ihrer Projekte zu fördern.
- **Wirtschaftliche Ziele** umfassen die SDGs 8 (Menschenwürdige Arbeit und Wirtschaftswachstum), 9 (Industrie, Innovation und Infrastruktur), 11 (Nachhaltige Städte und Gemeinden) und 12 (Verantwortung bei Konsum und Produktion). Insgesamt 249 Antworten fallen in diese Kategorie. Diese Projekte sind auf das Wachstum und

die Innovation in der Wirtschaft ausgerichtet sowie auf die Schaffung nachhaltiger urbaner Lebensräume und die Förderung verantwortungsvollen Konsums.

- **Ökologische Ziele**, zu denen die SDGs 6 (Sauberes Wasser und Sanitäreinrichtungen), 7 (Bezahlbare und saubere Energie), 13 (Klimamaßnahmen), 14 (Leben unter Wasser) und 15 (Leben an Land) gehören, werden mit insgesamt 248 Antworten durch Projekte verfolgt. Unternehmen scheinen sich mit ihren Projekten ebenfalls für Umweltschutz, Energieeffizienz sowie für den Umgang mit den Herausforderungen des Klimawandels und des Erhalts natürlicher Ressourcen und Ökosysteme zu engagieren.

Eine weitere Kategorie bildet mit 46 Antworten das SDG 17 (Partnerschaften zur Erreichung der Ziele).
34 der Befragten geben an, dass ihre Projekte „in keinem" der vorgegebenen SDGs einen Schwerpunkt haben.

Abb. 25: Gruppierte Schwerpunkte in SDGs von aktuell laufenden oder innerhalb der letzten 12 Monate abgeschlossenen Projekten
(Mehrfachnennungen möglich; in Anlehnung an Kaminski-Nissen/Bongwald, 2022)

Die wichtigsten Ergebnisse auf einen Blick:

1. Die Sustainable Development Goals (SDGs) spielen derzeit in der Mehrheit der Unternehmen noch keine Rolle als Kriterien im Rahmen des Projektportfoliomanagements. In 40 % der Unternehmen werden sie jedoch bereits verwendet.
2. In Unternehmen, in denen die SDGs grundsätzlich im Projektportfoliomanagement zur Anwendung kommen, sind die SDGs auch mehrheitlich sehr bzw. äußerst wichtige Selektionskriterien im Projektportfoliomanagement.
3. Schwerpunktsetzungen von aktuell laufenden oder innerhalb der letzten zwölf Monate abgeschlossenen Projekten finden sich bei
   SDG 13: Klimamaßnahmen
   SDG 9: Industrie, Innovation und Infrastruktur
   SDG 7: Bezahlbare und saubere Energie
   SDG 3: Gesundheit und Wohlergehen
4. Projekte verfolgen wirtschaftliche, soziale und ökologische Ziele in einem recht ausgeglichenen Verhältnis.

4.1.5 Projektstatus zu Nachhaltigkeitsgesetzgebungen sowie Messungen nach Projektabschluss

Stand der primären Projekte in Unternehmen zu verschiedenen Nachhaltigkeitsgesetzgebungen

Die Resultate der nächsten Fragekategorie geben Aufschluss darüber, ob und wie sich die Unternehmenspraxis mit verschiedenen Gesetzgebungen und Nachhaltigkeitsstandards in den primären Projekten auseinandersetzen. Zusätzlich sind Einblicke über den Fortschritt der Projekte und die durchschnittlichen Projektfortschritte möglich.

Zum **Greenhouse Gas Protocol** (Emissionen Scope 1, 2, und 3) haben 30,1 % der Befragten keine Projekte gestartet. 28,3 % sind in der aktiven Phase, und 6,4 % haben die Projekte abgeschlossen. Der Mittelwert von 2,39 reflektiert, dass ein eher geringer Anteil der Befragten aktiv an der Umsetzung arbeitet. 35,2 % der Befragten konnten keine Angabe tätigen.

Über ein Viertel der Teilnehmer (25,3 %) hat keine Initiativen zur **Ökodesign-Richtlinie** ergriffen, während 14,7 % in der Umsetzung und 4,6 % fertig sind. Der Mittelwert von 2,49 deutet auf eine noch fortschreitende Aktivität hin. 33,2 % der Befragten konnten keine Angabe tätigen.

Knapp ein Drittel (33,5 %) der Befragten haben noch keine Projekte zur **Global Reporting Initiative (GRI)** gestartet. 13,3 % sind in der Umsetzung, und 5 % haben die Arbeit abgeschlossen. Der Mittelwert von 2,25 zeigt, dass viele Unternehmen erst am Anfang stehen. 33,9 % der Befragten antworteten mit „Weiß ich nicht“.

Hinsichtlich des **Deutschen Nachhaltigkeitskodex** haben 29,5 % der Teilnehmer noch keine Projekte begonnen, während 12,7 % der Projekte in der Umsetzung und 7,3 % abgeschlossen sind. Der Durchschnittswert von 2,44 weist auf eine moderate Umsetzungsaktivität hin. 30,9 % der Befragten antworteten mit „Weiß ich nicht“.

30,9 % der Befragten haben keine Projekte zum **Deutschen Corporate Governance Kodex** geplant. Etwa 11,4 % sind in der Umsetzung, und 10,5 % haben ihre Projekte abgeschlossen. Der Mittelwert von 2,47 spiegelt eine geringe Projektaktivität diesbezüglich wider. Keine Angabe dazu konnten 31,4 % der Befragten machen.

Die Resultate zum **Lieferkettensorgfaltspflichtengesetz (LkSG)** zeigen, dass 27 % der Unternehmen kein Projekt initiiert haben, während sich 9,3 % in der Initialisierungsphase, 13,9 % in der Planungsphase, 19,1 % in der Umsetzungsphase und 10,7 % der Projekte in der Abschlussphase befinden. Der Mittelwert liegt hier bei 2,72 und ist mit kleinem Abstand zur CSRD der höchste Mittelwert unter den untersuchten Gesetzen. 20 % der Befragten konnten keine Angabe tätigen.

Die **Corporate Sustainability Reporting Directive (CSRD)** hat bei den Unternehmen, die Projekte dazu angefangen haben, folgende Verteilung: 25,9 % keine Projekte, 7,4 % in der Initialisierungsphase, 15,3 % in der Planungsphase, 21,8 % in der Umsetzungsphase und 6 % der Projekte sind abgeschlossen. Der Mittelwert zum Fortschritt beträgt 2,67. Dies zeigt einen höheren Fortschritt im Vergleich zu den anderen Regelungen. 23,6 % der Befragten konnten keine Angabe tätigen.

Bei der **Sustainable Finance Disclosure Regulation (SFDR)** haben 33,8 % der Befragten in ihrem Unternehmen noch kein Projekt begonnen. Unter den begonnenen Projekten sind 6,7 % in der Initialisierungsphase, 11,6 % in der Planungsphase, 14 % in der Umsetzungsphase und 3,9 % bereits abgeschlossen. Der Mittelwert beträgt 2,2. 30 % der Befragten konnten keine Angabe tätigen.

Für die **EU-Taxonomie zu nachhaltigen Investitionen** zeigen die Ergebnisse, dass ein großer Anteil der Befragten, nämlich 34,4 %, noch kein Projekt avisiert hat. Von den Teilnehmer in Unternehmen, die Projekte initiiert haben, befinden sich 5 % in der Initialisierungsphase, 15,3 % in der Planungsphase, 18,6 % in der Umsetzungsphase, und 1,8 % der Projekte sind bereits abgeschlossen. Der durchschnittliche Fortschrittswert für diese Projekte liegt bei 2,3. Anscheinend sind die meisten Projekte in mittleren Phasen der Entwicklung. 24,9 % der Befragten konnten keine Angabe tätigen.

Bei fast allen Gesetzgebungen weist die Branche „Finanz- und Versicherungsdienstleister“ den höchsten Mittelwert auf. Ausschließlich beim Lieferkettensorgfaltspflichtengesetz (Baugewerbe, M = 3,2) und der Ökodesign-Richtlinie (Handel, Verkehr und

Gastgewerbe, M = 3,1) sind es andere Branchen, welche einen hohen Umsetzungsgrad bei den jeweiligen Projekten aufweisen.

Es ist zu erkennen, dass viele Unternehmen anscheinend aktiv verschiedene gesetzliche und regulatorische Anforderungen im Bereich Nachhaltigkeit mit Projekten umsetzen. Allerdings befinden sich diese in unterschiedlichen Fortschrittsstadien. Noch nicht alle Unternehmen haben mit der Umsetzung von Projekten begonnen.

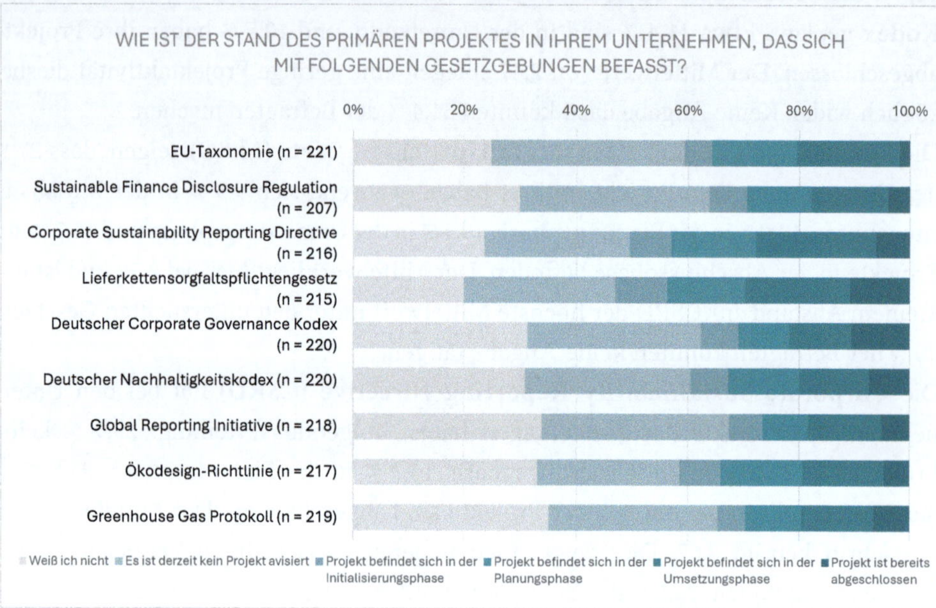

Abb. 26: Stand des primären Projekts in Unternehmen zu verschiedenen Gesetzgebungen

Messung der Einhaltung von Nachhaltigkeitskriterien sowie deren Erfolg bei beendeten Projekten in Unternehmen

Die Ergebnisse zur Messung der Einhaltung von Nachhaltigkeitskriterien sowie des Erfolgs von Nachhaltigkeitszielsetzungen bei beendeten Projekten in der Unternehmenspraxis bieten Einblicke in das Controlling von Projekten und Projektportfolios.

Bei der Messung der **Einhaltung von Nachhaltigkeitskriterien** in beendeten Projekten ergeben sich 222 Antworten sowie ein Mittelwert von 2,7. In der Verteilung der Antworten geben 25,2 % der Befragten an, dass solche Messungen im Unternehmen „nie" durchgeführt werden, 17,6 % sagen, sie erfolgen „selten", 25,7 % berichten von „gelegentlichen" Messungen, 23 % geben an, dass Messungen im Unternehmen „oft" stattfinden, und 8,6 % sagen aus, dass diese „immer" durchgeführt werden.

Somit erfolgt nur in ca. 1/3 der Fälle eine konsequente Messung der Einhaltung von Nachhaltigkeitskriterien bei beendeten Projekten.

Bei der Messung des **Erfolgs von Nachhaltigkeitszielsetzungen** bei abgeschlossenen Projekten ist der Mittelwert mit 2,7 identisch. Auch hier zeigt sich eine geringe Intensität der Durchführung von Erfolgsmessungen in den Unternehmen der Befragten. 25,2 % der Befragten äußern, dass „keine Messungen" erfolgen. Etwa 19,4 % sagen, dass die Messungen „selten" stattfinden, 25,2 % berichten von „gelegentlichen" Messungen, 22,1 % von „oft" durchgeführten Messungen im Unternehmen und 8,1 % der Teilnehmer geben an, dass diese Messungen „immer", d. h. bei allen Projekten des Unternehmens stattfinden. Auch hier ist festzustellen, dass eine konsequente Erfolgsmessung nur in ca. 1/3 der Fälle stattfindet.

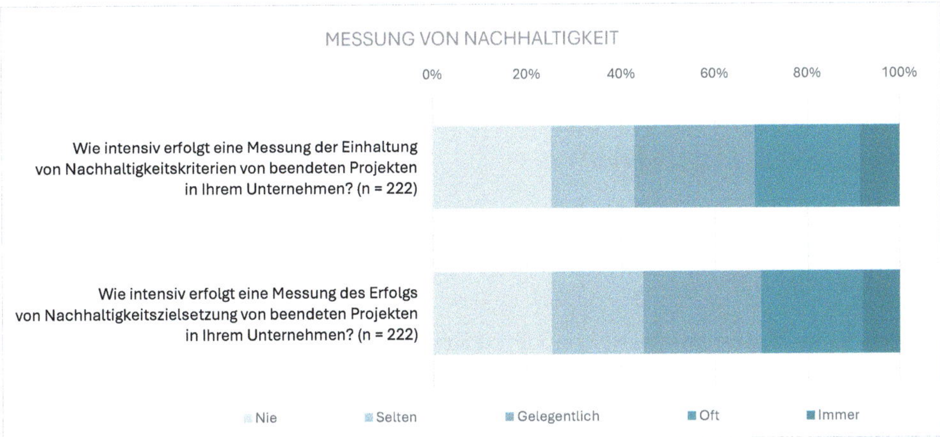

Abb. 27: Messung der Einhaltung von Nachhaltigkeitskriterien sowie deren Erfolg bei beendeten Projekten in Unternehmen

Die wichtigsten Ergebnisse auf einen Blick:

1. Unternehmen konzentrieren ihre Projektaktivitäten aktuell vor allem auf die Umsetzung der gesetzlichen Anforderungen aus der Corporate Sustainability Reporting Directive (CSRD) und dem Lieferkettensorgfaltspflichtengesetz (LkSG).
2. Eine konsequente Messung der Einhaltung von Nachhaltigkeitszielen und des Erfolgs von Nachhaltigkeitszielsetzung nach Projektabschluss erfolgt überwiegend nicht.

4.2 Identifizierte Unterschiede zwischen verschiedenen Teilgruppen in der Befragung

Die nachfolgenden Auswertungen verfolgen die Zielsetzung der Forschungsfrage 3. Der vorliegende Datensatz wurde auf signifikante Unterschiede und Zusammenhänge hinsichtlich relevanter Merkmale untersucht. Die statistischen Auswertungen zu Mittelwertsunterschieden wurden über für diesen Zweck gängige statistische Testverfahren, wie etwa Kruskal-Wallis-Tests, t-Tests, Korrelationen nach Pearson und Spearman und Kreuztabellierung mit Chi-Quadrat-Tests durchgeführt. Statistisch signifikante Ergebnisse ($\alpha < .05$) werden größtenteils nur vom Ergebnis beschrieben und an einigen Stellen durch Visualisierungen mit quantitativen Angaben ergänzt.

4.2.1 Erkenntnisse hinsichtlich der Projektarten

Hinsichtlich der Branchenzugehörigkeit konnte festgestellt werden, dass **Finanz- und Versicherungsdienstleister** mehr Projekte aus den Kategorien

- Organisations-/HR-Projekte
- IT-Projekte
- F&E/Neuproduktentwicklungsprojekte
- Infrastrukturprojekte

aufweisen, als Unternehmen aller anderen Branchen.
Unterschiede hinsichtlich der Durchführung von **Projekten, die explizit Nachhaltigkeitsziele** verfolgen, finden sich zwar **zwischen den Branchen** nicht, jedoch in Bezug auf die Unternehmensgröße. Hier zeigt sich, dass eine **zunehmende Unternehmensgröße** (in Bezug auf Umsatzhöhe oder Bilanzsumme) zu einem höheren Schwerpunkt auf Projekte mit expliziten Nachhaltigkeitszielen führt. In Bezug auf die Mitarbeiteranzahl ist dieser Zusammenhang jedoch nicht vorhanden.

Die wichtigsten Ergebnisse auf einen Blick:

1. Branchenunterschiede hinsichtlich der Durchführung von Projekten mit Nachhaltigkeitszielsetzung sind nicht zu identifizieren.
2. Größere Unternehmen legen einen höheren Schwerpunkt auf Projekte mit Nachhaltigkeitszielsetzungen.

4.2.2 Erkenntnisse auf Basis der Ausprägungen des Projektportfoliomanagements

Existenz eines Projektportfoliomanagements im Unternehmen

Hinsichtlich der Existenz eines Projektportfoliomanagements lassen sich signifikante **Unterschiede zwischen den Branchen** erkennen. So wird deutlich, dass vor allem Finanz- und Versicherungsdienstleister in den meisten Fällen ein Projektportfoliomanagement aufweisen. Unternehmensdienstleister hingegen verfügen nur in wenigen Fällen über ein PPM (vgl. Tab. 4).

Welcher Branche bzw. welchem Wirtschaftsbereich lässt sich Ihr Unternehmen am ehesten zuordnen?	Gibt es in Ihrem Unternehmen ein Projektportfoliomanagement (PPM)?		
	Ja	Nein	Gesamt
Produzierendes Gewerbe (ohne Baugewerbe)	27	17	44
Öffentliche Dienstleister, Erziehung, Gesundheit	41	25	66
Handel, Verkehr und Gastgewerbe	14	11	25
Finanz- und Versicherungsdienstleister	23	3	26
Information und Kommunikation	17	9	26
Unternehmensdienstleister	8	15	23
Grundstücks- und Wohnungswesen	0	1	1
Baugewerbe	7	5	12
Land- und Forstwirtschaft; Fischerei	1	0	1
Gesamt	138	86	224

Tab. 4: Existenz eines Projektportfoliomanagements nach Branche (Chi-Quadrat (8) = 17.704, p = .024, φ = 0.281)

Hinsichtlich der Unternehmensgröße zeigt sich – erwartungsgemäß –, dass die Existenz eines Projektportfoliomanagements mit zunehmender Unternehmensgröße (Umsatzhöhe, Bilanzsumme, Mitarbeiterzahl) eher gegeben ist.

Ebenfalls wird deutlich, dass bei **kapitalmarktorientierten Unternehmen** der Anteil von Unternehmen mit einem Projektportfoliomanagement deutlich höher ist als bei nicht kapitalmarktorientierten.

Gibt es in Ihrem Unternehmen ein Projektportfoliomanagement (PPM)?	Ist Ihr Unternehmen kapitalmarktorientiert, d.h. an der Börse notiert oder Emittent von Anleihen?		Gesamt
	Ja	Nein	
Ja	55	83	138
Nein	12	74	86
Gesamt	67	157	224

Tab. 5: Existenz eines Projektportfoliomanagements nach Kapitalmarktorientierung (Chi-Quadrat (1) = 16.955, $p < .001$, $\varphi = 0.275$)

Für Projektportfoliomanagement zuständige Organisationseinheit

Es wird deutlich, dass bei großen Unternehmen ein Projektportfoliomanagement eher durch die Positionen eines **Portfoliomanagers oder eines PMO** geführt wird, während in kleineren Unternehmen **die Geschäftsführung/der Vorstand** direkt die Verantwortung für das PPM übernimmt.

Ebenso spielt die **Kapitalmarktorientierung** eine Rolle. Unternehmen, die kapitalmarktorientiert sind, lassen das Projektportfolio weniger häufig durch die Geschäftsführung oder den Vorstand direkt steuern als Unternehmen, die nicht kapitalmarktorientiert sind. Es zeigt sich ein schwacher Zusammenhang.

Ist Ihr Unternehmen kapitalmarktorientiert, d.h. an der Börse notiert oder Emittent von Anleihen?	Welche Organisationseinheit oder Person(en) übernimmt in Ihrem Unternehmen primär die Aufgaben des Projektportfoliomanagements?				Gesamt
	Portfolio-manager	Portfolio-board	Project Management Office (PMO)	Geschäftsführung/Vorstand	
Ja	24	9	18	4	55
Nein	22	8	24	29	83
Gesamt	46	17	42	33	138

Tab. 6: Steuerung des PPM nach Kapitalmarktorientierung (Chi-Quadrat (3) = 14.873, $p = .002$, $\varphi = 0.328$)

Die wichtigsten Ergebnisse auf einen Blick:

1. Es bestehen Unterschiede zwischen den Branchen hinsichtlich der Existenz eines Projektportfoliomanagements. In Finanz- und Versicherungsdienstleistungsunternehmen findet sich ein Projektportfoliomanagement am häufigsten.
2. Große Unternehmen und kapitalmarktorientierte Unternehmen verfügen eher über ein Projektportfoliomanagement.
3. Große Unternehmen und kapitalmarktorientierte Unternehmen steuern ihr Projektportfolio weniger häufig direkt über die Geschäftsführung/den Vorstand, sondern setzen auf die Zuständigkeit einer dezidierten Organisationseinheit.

4.2.3 Erkenntnisse zu Nachhaltigkeit und den Sustainable Development Goals im Projektportfoliomanagement

Bedeutung von Nachhaltigkeit als Kriterium im Projektportfoliomanagement

Hinsichtlich der Bedeutung von Nachhaltigkeit als Kriterium zur Genehmigung oder Priorisierung von Projekten lassen sich **keine Unterschiede zwischen verschiedenen Branchen** identifizieren.

In Bezug auf die **Unternehmensgröße** wird deutlich, dass eine zunehmende Unternehmensgröße (in Bezug auf **Umsatzhöhe oder Bilanzsumme**) damit einhergeht, dass Nachhaltigkeit als Genehmigungs- oder Priorisierungskriterium zunehmend relevanter wird. In Bezug auf die Mitarbeiteranzahl zeigt sich dieser Zusammenhang jedoch nicht.

Hinsichtlich der **Anzahl an Projekten** im Unternehmen konnten folgende Erkenntnisse gewonnen werden:

- Es besteht ein schwacher bis mittlerer negativer Zusammenhang zwischen der Anzahl an Projekten im Unternehmen sowie jeweils Nachhaltigkeit als Kriterium für die Genehmigung und Priorisierung von Projekten im Unternehmen.
- Es besteht ein schwacher negativer Zusammenhang zwischen der Anzahl an Projekten im Unternehmen sowie Nachhaltigkeit als Kriterium zur Bewertung von Projektideen/Projektanträgen im Rahmen des Projektportfoliomanagements.
- Nachhaltigkeit als Kriterium zur Bewertung von Projektideen/Projektanträgen im Rahmen des Projektportfoliomanagements ist in Unternehmen mit zehn bis unter

20 Projekten im Projektportfolio am wichtigsten. Dies kommt am häufigsten in Unternehmen mittlerer Größe gemessen an der Mitarbeiterzahl vor (Median = 240).

Unternehmen, die ein Projektportfoliomanagement institutionalisiert haben, messen Nachhaltigkeit als Kriterium, damit ein Projekt genehmigt wird, eine signifikant höhere Bedeutung bei als Unternehmen ohne Projektportfoliomanagement. Es besteht somit ein Zusammenhang zwischen der Bedeutung von Nachhaltigkeit als Kriterium zur Projektgenehmigung und der Existenz eines PPM im Unternehmen.

Wie wichtig ist Nachhaltigkeit als Kriterium, damit ein Projekt in Ihrem Unternehmen genehmigt wird?	Gibt es in Ihrem Unternehmen ein Projektportfoliomanagement (PPM)?		Gesamt
	Ja	Nein	
Überhaupt nicht wichtig/Nicht sehr wichtig	40	42	82
Sehr wichtig/Entscheidend	53	19	72
Gesamt	93	61	154

Tab. 7: Kreuztabelle Existenz eines PPM und Nachhaltigkeit als Kriterium
(Chi-Quadrat (1) = 9.882, $p = .002$, $\varphi = 0.253$)

Ebenfalls zeigt sich ein Zusammenhang zwischen der Kapitalmarktorientierung und der Bedeutung von Nachhaltigkeit als Kriterium zur Bewertung von Projektideen/-anträgen im Projektportfoliomanagement:

Wie wichtig ist Nachhaltigkeit zur Bewertung von Projektideen/ Projektanträgen im Rahmen des Projektportfoliomanagements?	Ist Ihr Unternehmen kapitalmarktorientiert, d.h. an der Börse notiert oder Emittent von Anleihen?		Gesamt
	Ja	Nein	
Überhaupt nicht wichtig/Nicht sehr wichtig	20	49	69
Sehr wichtig/Entscheidend	35	34	69
Gesamt	55	83	138

Tab. 8: Kreuztabelle Kapitalmarktorientierung und Nachhaltigkeit als Kriterium zur Bewertung von Projektideen/-anträgen im PPM
(Chi-Quadrat (1) = 6.802, $p = .009$, $\varphi = 0.222$)

Eine Korrelationsanalyse zwischen **Nachhaltigkeit als Kriterium zur Bewertung von Projektideen/Projektanträgen** im Rahmen des Projektportfoliomanagements und den anderen abgefragten Kriterien zeigt, dass hinsichtlich der strategischen Bedeutung, der erwarteten Erlöse, der Wirtschaftlichkeit, der personellen Ressourcen, der Projektdauer, der Risiken und der Abhängigkeit zu anderen Projekten jeweils eine signifikante Korrelation besteht. Der Korrelationskoeffizient ist in Bezug auf die Kriterien Risiken und Wirtschaftlichkeit am höchsten. Keine Signifikanz hingegen besteht bezüglich des erforderlichen Budgets und Zwängen/Muss-Kriterien. Die Ergebnisse suggerieren Folgendes:

- Unternehmen gehen grundsätzlich entweder mehr oder weniger kriteriengestützt bei der Auswahl und Priorisierung von Projekten vor. Dies schließt auch die Berücksichtigung von Nachhaltigkeit ein.
- Projekte mit Nachhaltigkeitsbezug scheinen einen Zusammenhang zur Risikominimierung aufzuweisen.
- Projekte mit Nachhaltigkeitsbezug werden scheinbar nicht vorrangig aufgrund externer Zwänge durchgeführt, sondern auch unter Wirtschaftlichkeitsaspekten betrachtet.

		Wie wichtig sind die folgenden Kriterien zur Bewertung von Projektideen / Projektanträgen im Rahmen des Projektportfoliomanagements?								
		Strategische Bedeutung	Erwartete Erlöse durch das Projektergebnis	Erforderliches Budget	Wirtschaftlichkeit	Erforderliche personelle Ressourcen	Projektdauer	Risiken	Zwänge/ Muss-Kriterien	Abhängigkeiten zu anderen Projekten
Nachhaltigkeit	Pearson-Korrelation	**0.373**	**0.211**	0.136	**0.506**	**0.268**	**0.292**	**0.537**	0.112	**0.199**
	Sig. (2-seitig)	**<.001**	**.013**	.111	**<.001**	**.002**	**.001**	**<.001**	.189	**.020**
	N	137	137	138	137	137	138	138	138	137

Tab. 9: Korrelationstabelle „Wie wichtig sind die folgenden Kriterien zur Bewertung von Projektideen/Projektanträgen im Rahmen des Projektportfoliomanagements" mit „Nachhaltigkeit als Kriterium zur Bewertung von Projektideen/Projektanträgen"

In Bezug auf die Berichtspflichtigkeit nach der **Corporate Sustainability Reporting Directive (CSRD)** lassen sich keine signifikanten Unterschiede von Gruppen mit verschiedenen Stichtagen der Berichtspflichtigkeit (seit 2024, ab 2025, ab 2026) identifizieren: Nachhaltigkeit weist als Genehmigungs- oder Priorisierungskriterium keine herausgehobene Relevanz auf. Ebenfalls ist Nachhaltigkeit auch gegenüber anderen Bewertungskriterien nicht bedeutsamer.

Status der Nachhaltigkeitsprojekte im Projektportfolio

Es wird deutlich, dass Unternehmen mit **steigender Umsatzhöhe oder Bilanzsumme mehr Projekte mit schwerpunktmäßigem Bezug zu Nachhaltigkeit** in den Stadien Projektideen, Projektkandidaten und im aktiven Projektportfolio aufweisen. Für das Stadium inaktiver Projekte zeigt sich jedoch kein signifikanter Zusammenhang.

Ebenfalls ist erneut kein Zusammenhang in Bezug auf die Mitarbeiterzahl feststellbar. In Bezug auf die für das Projektportfoliomanagement zuständige Organisationseinheit ist erkennbar, dass Unternehmen, in denen die Zuständigkeit bei **der Geschäftsführung/dem Vorstand** liegt, weniger Projekte mit schwerpunktmäßigem Bezug zu Nachhaltigkeit im Stadium der Projektideen und der Projektkandidaten aufweisen. Signifikante Unterschiede zu derzeit aktiven Projekten oder inaktiven (beendeten) Projekten zeigen sich jedoch nicht. In Unternehmen, in denen die Zuständigkeit bei **der Geschäftsführung/dem Vorstand** liegt, zeigt sich ebenfalls ein Zusammenhang mit der Frage nach der Wichtigkeit von Nachhaltigkeit als Kriterium zur positiven Einstufung eines Projektes durch die Stakeholdergruppe **der Fremdkapitalgeber und der Politik**.

Rolle der Sustainable Development Goals im Projektportfoliomanagement

In Bezug auf die Berichtspflichtigkeit nach der **Corporate Sustainability Reporting Directive (CSRD)** lassen sich keinerlei signifikanten Unterschiede in der Unterscheidung von Gruppen mit verschiedenen Stichtagen der Berichtspflichtigkeit (seit 2024, ab 2025, ab 2026) in Bezug auf die Sustainable Development Goals identifizieren.

Die **Kapitalmarktorientierung** eines Unternehmens spielt hingegen eine Rolle bei der Relevanz der Sustainable Development Goals als Kriterien zur Selektion/Auswahl von Projekten, wie nachfolgende Tab. 10 zeigt. Unternehmen mit Kapitalmarktorientierung nutzen die SDGs häufiger als Unternehmen ohne Kapitalmarktorientierung.

Ist Ihr Unternehmen kapitalmarktorientiert, d.h. an der Börse notiert oder Emittent von Anleihen?	Werden Sustainable Development Goals (SDGs) im Rahmen des Projektportfoliomanagements (PPM) in Ihrem Unternehmen als Kriterien zur Selektion/Auswahl von Projekten verwendet?			Gesamt
	Ja	Nein	Weiß ich nicht	
Ja	37	22	8	67
Nein	53	86	18	157
Gesamt	90	108	26	224

Tab. 10: Bedeutung der SDGs im Projektportfoliomanagement nach Kapitalmarktorientierung (Chi-Quadrat (2) = 10.084, $p = .006$, $\varphi = 0.212$)

Ebenfalls zeigt sich ein starker Effekt hinsichtlich des Zusammenhangs von Nachhaltigkeit als Kriterium, damit ein Projekt im Unternehmen genehmigt wird und der Verwendung der SDGs als Kriterien zur Selektion und Auswahl von Projekten im Rahmen des PPM, wie Tab. 11 zeigt:

Wie wichtig ist Nachhaltigkeit als Kriterium, damit ein Projekt in Ihrem Unternehmen genehmigt wird?	Werden Sustainable Development Goals (SDGs) im Rahmen des Projektportfoliomanagements (PPM) in Ihrem Unternehmen als Kriterien zur Selektion/Auswahl von Projekten verwendet?			Gesamt
	Ja	Nein	Weiß ich nicht	
Überhaupt nicht wichtig/ Nicht sehr wichtig	9	65	8	82
Sehr wichtig/Entscheidend	52	17	3	72
Gesamt	61	82	11	154

Tab. 11: Kreuztabelle Nachhaltigkeit als Kriterium zur Genehmigung und SDGs im PPM (Chi-Quadrat (2) = 60.287, $p < .001$, $\varphi = 0.626$)

Ein vergleichbarer Effekt zeigt sich in Bezug auf den Zusammenhang zwischen Nachhaltigkeit als Kriterium, damit ein bereits genehmigtes Projekt im Vergleich zu anderen Projekten priorisiert wird und der Verwendung der SDGs im Rahmen des Projektportfoliomanagements:

Wie wichtig ist Nachhaltigkeit als Kriterium, damit ein bereits genehmigtes Projekt im Vergleich zu anderen Projekten priorisiert behandelt wird (z.B. bei der Zuordnung von Personal-, Sach- oder Finanzmitteln)?	Werden Sustainable Development Goals (SDGs) im Rahmen des Projektportfoliomanagements (PPM) in Ihrem Unternehmen als Kriterien zur Selektion/Auswahl von Projekten verwendet?			Gesamt
	Ja	Nein	Weiß ich nicht	
Überhaupt nicht wichtig/ Nicht sehr wichtig	20	71	12	103
Sehr wichtig/Entscheidend	41	13	3	57
Gesamt	61	84	15	160

Tab. 12: Kreuztabelle Nachhaltigkeit als Kriterium zur Priorisierung und SDGs im PPM (Chi-Quadrat (2) = 43.007, $p < .001$, $\varphi = 0.518$)

Die wichtigsten Ergebnisse auf einen Blick:

1. Nachhaltigkeit wird mit zunehmender Unternehmensgröße und in kapitalmarktorientierten Unternehmen als Kriterium im Projektportfoliomanagement relevanter. Konsequenterweise steigt mit der Unternehmensgröße auch die Anzahl von Projekten mit Nachhaltigkeitsbezug.
2. Nachhaltigkeit als Kriterium zur Projektgenehmigung ist in Unternehmen relevanter, die ein Projektportfoliomanagement institutionalisiert haben.
3. Projekte mit Nachhaltigkeitsbezug scheinen bei der Bewertung von Projektideen/-anträgen einen Zusammenhang zur Risikominimierung aufzuweisen. Ein Zusammenhang zu externen Zwängen als Kriterium ist nicht feststellbar.
4. Die Sustainable Development Goals sind als Kriterien zur Projektselektion in kapitalmarktorientierten Unternehmen von höherer Relevanz.
5. Es zeigt sich ein positiver Zusammenhang zwischen der Anwendung von Nachhaltigkeit als Kriterium zur Genehmigung und Priorisierung von Projekten und der Sustainable Development Goals als entsprechende Kriterien zur Projektselektion.

4.2.4 Messung von Nachhaltigkeitsaspekten bei beendeten Projekten

Messung der Einhaltung von Nachhaltigkeitskriterien bei beendeten Projekten

In Bezug auf die Messung der Einhaltung von Nachhaltigkeitskriterien bei beendeten Projekten ist ein schwacher Zusammenhang zur Kapitalmarktorientierung festzustellen. Kapitalmarktorientierte Unternehmen führen somit eher eine Messung der Einhaltung solcher Kriterien durch.

Wie intensiv erfolgt eine Messung der Einhaltung von Nachhaltigkeitskriterien von beendeten Projekten in Ihrem Unternehmen?	Ist Ihr Unternehmen kapitalmarktorientiert, d.h. an der Börse notiert oder Emittent von Anleihen?		Gesamt
	Ja	Nein	
Nie/Selten	20	75	95
Oft/Immer	28	42	70
Gesamt	48	117	165

Tab. 13: Kreuztabelle Kapitalmarktorientierung und Messung der Einhaltung von Nachhaltigkeitskriterien
(Chi-Quadrat (1) = 7.014, p = .008, φ = 0.206)

In vergleichbarer Art zeigt sich ein schwacher Zusammenhang zwischen der Messung der Einhaltung von Nachhaltigkeitskriterien bei beendeten Projekten und der Existenz eines Projektportfoliomanagements im Unternehmen. Unternehmen mit einem institutionalisierten PPM messen die Einhaltung konsequenter.

Wie intensiv erfolgt eine Messung der Einhaltung von Nachhaltigkeitskriterien von beendeten Projekten in Ihrem Unternehmen?	Gibt es in Ihrem Unternehmen ein Projektportfoliomanagement (PPM)?		Gesamt
	Ja	Nein	
Nie/Selten	45	50	95
Oft/Immer	51	19	70
Gesamt	96	69	165

Tab. 14: Kreuztabelle Existenz eines Projektportfoliomanagements und Messung der Einhaltung von Nachhaltigkeitskriterien
(Chi-Quadrat (1) = 10.762, p = .001, φ = 0.255)

Messung des Erfolgs von Nachhaltigkeitszielsetzungen bei beendeten Projekten

In Bezug auf die Messung des Erfolgs von Nachhaltigkeitszielsetzungen bei beendeten Projekten ist ein schwacher Zusammenhang zur Kapitalmarktorientierung feststellbar. Kapitalmarktorientierte Unternehmen führen somit eher eine Messung des Nachhaltigkeitserfolgs durch.

Wie intensiv erfolgt eine Messung des Erfolgs von Nachhaltigkeitszielsetzung von beendeten Projekten in Ihrem Unternehmen?	Ist Ihr Unternehmen kapitalmarktorientiert, d.h. an der Börse notiert oder Emittent von Anleihen?		Gesamt
	Ja	Nein	
Nie/Selten	22	77	99
Oft/Immer	31	36	67
Gesamt	53	113	166

Tab. 15: Kreuztabelle Kapitalmarktorientierung und Messung des Erfolgs von Nachhaltigkeitszielsetzung
(Chi-Quadrat (1) = 10.631, p = .001, φ = 0.253)

In vergleichbarer Art zeigt sich ein schwacher Zusammenhang zwischen der Messung des Erfolgs von Nachhaltigkeitszielsetzungen bei beendeten Projekten und der Existenz eines Projektportfoliomanagements im Unternehmen. Unternehmen mit einem institutionalisierten Projektportfoliomanagement messen die Erfolgswirkung konsequenter.

Wie intensiv erfolgt eine Messung des Erfolgs von Nachhaltigkeitszielsetzung von beendeten Projekten in Ihrem Unternehmen?	Gibt es in Ihrem Unternehmen ein Projektportfoliomanagement (PPM)?		Gesamt
	Ja	Nein	
Nie/Selten	47	52	99
Oft/Immer	50	17	67
Gesamt	97	69	166

Tab. 16: Kreuztabelle Existenz eines Projektportfoliomanagements und Messung des Erfolgs von Nachhaltigkeitszielsetzung
(Chi-Quadrat (1) = 12.128, $p < .001$, $\varphi = 0.270$)

Die wichtigsten Ergebnisse auf einen Blick:

Bei beendeten Projekten wird die Einhaltung von Nachhaltigkeitskriterien sowie der Erfolg von Nachhaltigkeitszielsetzungen
1. in kapitalmarktorientierten Unternehmen häufiger gemessen.
2. in Unternehmen mit einem Projektportfoliomanagement häufiger gemessen.

5 Zusammenfassung und Ausblick auf weitere Forschung

Ergebnisse der Untersuchung

Die durchgeführte Studie liefert bedeutsame Einblicke in die Verankerung von Nachhaltigkeitsprinzipien innerhalb des Projektportfoliomanagements in Unternehmen verschiedener Branchen. Es wurde deutlich, dass Unternehmen, die ein Projektportfoliomanagement etabliert haben, generell eine höhere Bedeutung auf kriteriengestützte Entscheidungsprozesse und die Erfolgsmessung legen. Diese Praxis spiegelt sich nicht nur in Bezug auf Nachhaltigkeit wider, sondern auch hinsichtlich anderer entscheidender Kriterien. Trotz der verstärkten Integration von Nachhaltigkeitszielen bleibt deren Priorisierung hinter finanziellen und strategischen Überlegungen zurück, obwohl eine signifikante Minderheit der Unternehmen diesen eine hohe bis sehr hohe Bedeutung beimisst. Besonders hervorzuheben ist, dass große Unternehmen und kapitalmarktorientierte Unternehmen das Kriterium Nachhaltigkeit tendenziell stärker gewichten und die Sustainable Development Goals (SDGs) vermehrt als Entscheidungskriterien nutzen.

Die zentralen Ergebnisse der Untersuchung vermitteln ein umfassendes Bild über die Integration von Nachhaltigkeitspraktiken in das Projektportfoliomanagement und die unternehmerische Entscheidungsfindung. Die wichtigsten Ergebnisse im Überblick:

1. **Projektportfoliomanagement (PPM):** Die Mehrheit der befragten Unternehmen hat ein PPM implementiert. Hierbei handelt es sich vor allem um mittlere bis große Unternehmen.
2. **Organisationale Verankerung des PPM:** In Abhängigkeit zur Unternehmensgröße lässt sich feststellen, dass das Projektportfoliomanagement in großen Unternehmen fast ausschließlich durch einen Portfoliomanager, ein PMO oder ein Portfolioboard organisiert ist. In kleinen Unternehmen hingegen ist das Projektportfoliomanagement meist direkt bei der Geschäftsführung/dem Vorstand verankert.
3. **Entscheidungskriterien im PPM:** Die strategische Bedeutung und finanzielle Kennzahlen wie Wirtschaftlichkeit, erwartete Erlöse und das Projektbudget sind die dominierenden Kriterien bei der Auswahl von Projekten. Nachhaltigkeit ist ebenfalls ein wichtiges Kriterium, steht jedoch in der Prioritätenliste hinter finanziellen und strategischen Überlegungen.
4. **Integration von Nachhaltigkeitszielen:** Obwohl Nachhaltigkeitsziele in die Projektportfolios integriert werden, richten nur wenige Unternehmen den Fokus

primär darauf. Dies deutet auf eine unterstützende, jedoch nicht führende Rolle von Nachhaltigkeit in der aktuellen Projektlandschaft hin.

5. **Genehmigung und Priorisierung von Projekten:** Die Bedeutung von Nachhaltigkeit bei der Genehmigung und Priorisierung von Projekten variiert stark. Etwa ein Viertel bis ein Drittel der Unternehmen betrachtet Nachhaltigkeit als entscheidend, während ein ähnlicher Anteil ihr keine wesentliche Rolle beimisst.
6. **Projekttypen mit Nachhaltigkeitszielen:** Insbesondere in Projekten aus den Bereichen F&E, Infrastruktur und Kunden-/Auftragsprojekte werden Nachhaltigkeitsziele häufiger als explizite Ziele definiert. Diese Projektarten scheinen also besonders geeignet, um Nachhaltigkeitsüberlegungen in die Praxis umzusetzen.
7. **Projektphasen:** Nachhaltigkeit wird derzeit besonders in Projekten berücksichtigt, die sich noch in den frühen Phasen der Projektentwicklung befinden. Bei inaktiven oder bereits abgeschlossenen Projekten ist der Fokus auf Nachhaltigkeit tendenziell geringer. Dies deutet auf eine zunehmende Berücksichtigung von Nachhaltigkeit in neueren Projekten hin. Allerdings wäre auch eine andere Interpretation möglich: Nachhaltigkeit kann aus dem Fokus geraten, wenn im Laufe der Projektumsetzung die klassischen Erfolgsmaßstäbe Zeit, Kosten und Leistungsumfang stärker ins Augenmerk der Projektleitung rücken. Gerade dann wäre jedoch ein Projektportfoliomanagement zielführend, wenn es die kontinuierliche Berücksichtigung aller definierten Kriterien – inklusive Nachhaltigkeit – einfordert.
8. **Stakeholder-Einfluss:** Die allgemeine Öffentlichkeit sowie die Kunden werden als die zentralen externen Stakeholdergruppen gesehen, die Nachhaltigkeit als Kriterium zur positiven Beurteilung von Projekten beurteilen. Unternehmensintern ist es vor allem die Unternehmensleitung, die das Kriterium Nachhaltigkeit heranzieht. Dies unterstreicht die gesellschaftliche und unternehmensstrategische Bedeutung von Nachhaltigkeit.
9. **Verwendung der SDGs:** Nur 40 % der Unternehmen nutzen die Sustainable Development Goals (SDGs) bislang als Kriterien im Rahmen des PPM. Wenn die SDGs jedoch verwendet werden, dann häufig als wichtige oder äußerst wichtige Selektionskriterien.
10. **Umsetzung gesetzlicher Anforderungen durch entsprechende Projekte:** Aktuell konzentrieren sich die Unternehmen vor allem auf die Umsetzung der Anforderungen aus der CSRD und dem LkSG, was die Bedeutung dieser gesetzlichen Rahmenbedingungen für die Unternehmenspraxis hervorhebt.
11. **Mangelnde Erfolgsmessung von Nachhaltigkeitszielen:** Trotz der erkennbaren Bemühungen um Nachhaltigkeit erfolgt eine konsequente Messung der Einhal-

tung von Nachhaltigkeitszielen und des Erfolgs von Nachhaltigkeitszielsetzungen nach Projektabschluss in den meisten Unternehmen noch nicht regelmäßig.

Implikationen für die Unternehmenspraxis

Aus den Ergebnissen lassen sich konkrete Handlungsempfehlungen für die Unternehmenspraxis ableiten. Unternehmen sollten die Implementierung und den Ausbau von PPM-Systemen erwägen, um die strategische Ausrichtung und die Effizienz ihrer Projekte zu verbessern. Ein im Unternehmen eingeführtes Projektportfoliomanagement führt zu stärker kriteriengestützten Entscheidungsprozessen sowie auch zu einer systematischeren Erfolgsmessung. Dies gilt für alle relevanten Kriterien zur Selektion und Priorisierung von Projekten und somit auch für Nachhaltigkeit als eines dieser Kriterien.

Die Einbindung von Nachhaltigkeitskriterien in das PPM bietet nicht nur die Möglichkeit, regulatorischen Anforderungen gerecht zu werden. Unternehmen wird vielmehr empfohlen, Nachhaltigkeitsziele nicht nur als Compliance-Maßnahme zu sehen, sondern sie als integralen Bestandteil der Unternehmensstrategie zu berücksichtigen, der das Potenzial hat, Innovation zu fördern und langfristige Wettbewerbsvorteile zu generieren. Dies bietet dann auch die Chance für Unternehmen durch eine höhere Transparenz der Nachhaltigkeitsstrategie und ihrer entsprechenden Projekte, das Unternehmensimage zu stärken.

Ausblick auf weitere Forschung

Die dynamische Entwicklung im Bereich der Nachhaltigkeit und des Projektmanagements erfordert eine kontinuierliche Beobachtung der Trends und Veränderungen. Eine Wiederholung dieser Studie in zwei Jahren könnte als Monitor dienen, um Veränderungen und Fortschritte im Vergleich zu den Ergebnissen von 2023 zu bewerten. Darüber hinaus bietet es sich an, für weitere Befragungen zunächst ein festes Befragungspanel aus Verantwortlichen für Projektmanagement und Projektportfoliomanagement zu generieren. Dies würde eine konsistentere Datenerhebung ermöglichen und sicherstellen, dass die Antworten jeweils ein Unternehmen repräsentieren. Hierbei könnte eine festgelegte Grundgesamtheit, wie beispielsweise die Unternehmen des HDAX (alle 110 Unternehmen der Indizes DAX40, MDAX, TecDAX), verwendet werden, um eine höhere Repräsentativität und Vergleichbarkeit der Daten zu gewährleisten. Jedoch wäre zu bedenken, dass dadurch kleinere und nicht-börsennotierte Unternehmen unberücksichtigt bleiben würden, was die Breite der erfassten Unter-

nehmenslandschaft einschränken könnte. Ebenfalls könnten bei der Generierung des Befragungspanels weitere Unternehmensmerkmale wie etwa Größe oder Branche zur Erhöhung der Repräsentativität herangezogen werden. Ein solches Befragungspanel kann dann auch für weitere Studien zu anderen Fragestellungen des Projekt(portfolio)managements in der deutschen Unternehmenslandschaft herangezogen werden.
Abschließend betonen die Ergebnisse die Notwendigkeit einer verstärkten Integration von Nachhaltigkeitsaspekten in die Forschung zum Projekt(portfolio)management, wobei die Messung von Nachhaltigkeitsleistungen und die stärkere Berücksichtigung von SDGs als Kriterien für die Projektselektion und -priorisierung besonders hervorzuheben sind. Die Studie liefert wertvolle Einsichten, die dazu beitragen können, die Praxis des Projektmanagements in eine nachhaltigere Zukunft zu führen.

Literaturverzeichnis

Berger-Grabner, D. (2022): Wissenschaftliches Arbeiten in den Wirtschafts- und Sozialwissenschaften, 4. Auflage, Springer Gabler 2022.

Bundesverband Nachhaltige Wirtschaft e. V. (2019): SDG-Reporting von deutschen Unternehmen, https://www.bnw-bundesverband.de/sdg-reporting-von-deutschen-unternehmen, Stand: 30.06.2024.

Die Bundesregierung (2021): Deutsche Nachhaltigkeitsstrategie – Weiterentwicklung 2021, h ttps://www.publikationen-bundesregierung.de/resource/blob/2277952/1875176/9b7154e5739 ecc19a2d1520d2a94a2c3/deutsche-nachhaltigkeitsstrategie-2021-langfassung-download-bpa -data.pdf?download=1, Stand: 30.06.2024.

Eichenberg, T./Peuser, M. (2023): Nachhaltigkeit als mögliches Selektionskriterium von Projekten im Projektportfoliomanagement; in: Kalenborn, A. et al. (Hrsg.): GI Edition Proceedings Band 340: Projektmanagement und Vorgehensmodelle 2023, Gesellschaft für Informatik, S. 189-193.

Europäische Union (2022): Richtlinie (EU) 2022/2464 des Europäischen Parlaments und des Rates vom 14. Dezember 2022 zur Änderung der Verordnung (EU) Nr. 537/2014 und der Richtlinien 2004/109/EG, 2006/43/EG und 2013/34/EU hinsichtlich der Nachhaltigkeitsberichterstattung von Unternehmen, https://eur-lex.europa.eu/legal-content/DE/TXT/PDF/?uri=CELEX:32022 L2464, Stand: 30.06.2024.

Euchterhoff, G. (2023a): Quantitative Erhebungsmethoden; in: Schreier, M. et al. (Hrsg.): Forschungsmethoden in Psychologie und Sozialwissenschaften für Bachelor, 3. Auflage, Springer 2023, S. 61-126.

Euchterhoff, G. (2023b): Quantitative Auswertungsmethoden; in: Schreier, M. et al. (Hrsg.): Forschungsmethoden in Psychologie und Sozialwissenschaften für Bachelor, 3. Auflage, Springer 2023, S. 177-200.

Fietz, J./Friedrichs, J. (2019): Gesamtgestaltung des Fragebogens; in: Baur, N./Blasius, J. (Hrsg.): Handbuch Methoden der empirischen Sozialforschung, 2. Auflage, Springer VS 2019, S. 813-828.

Franz, J. H. (2021): Nachhaltige Entwicklung technischer Produkte und Systeme, Springer 2021.

Gliem, J. A./Gliem, R. R. (2003): Calculating, Interpreting, and Reporting Cronbach's Alpha Reliability Coefficient for Likert-Type Scales; in: Midwest research-to-practice conference in adult, continuing, and community education, Vol. 1, pp. 82-87.

GPM Deutsche Gesellschaft für Projektmanagement (2017): Individual Competence Baseline für Projektmanagement Version 4.0, https://www.gpm-ipma.de/fileadmin/user_upload/Wissen/standard-icb4-projektmanagement-deutsch.pdf, Stand: 31.07.2024.

GPM Deutsche Gesellschaft für Projektmanagement (2023): Projektifizierung 2.0: Zweite Makroökonomische Vermessung der Projekttätigkeit in Deutschland, UVK Verlag 2023.

Himme (2007): Gütekriterien der Messung: Reliabilität, Validität und Generalisierbarkeit; in: Albers, S. et al. (Hrsg.): Methodik der empirischen Forschung, 2. Auflage, Gabler 2007, S. 375-390.

Holzbaur, U. (2020): Nachhaltige Entwicklung: Der Weg in eine lebenswerte Zukunft, Springer 2020.

IfM Bonn (2024): KMU-Definition des IfM Bonn, https://www.ifm-bonn.org/definitionen-/kmu-definition-des-ifm-bonn, Stand: 30.06.2024.

Jacob, M. (2019): Digitalisierung & Nachhaltigkeit: Eine unternehmerische Perspektive, Springer Vieweg.

Kaminski-Nissen, M./Bongwald, S. (2022): Mit den Sustainable Development Goals nachhaltiges Handeln in Unternehmen positionieren und gestalten; in: Schwager, B. (Hrsg.): CSR und Nachhaltigkeitsstandards: Normung und Standards im Nachhaltigkeitskontext, Springer 2022, S. 57-82.

Klose, N.-C./Peters, M. (2023): Nachhaltigkeitscontrolling und Nachhaltigkeitsberichterstattung vor dem Hintergrund der Corporate Sustainability Reporting Directive (CSRD) – Ist der Mittelstand vorbereitet? in: Eichenberg, T./von Zobeltitz, A. (Hrsg.) (2023): Trends im Management von Nachhaltigkeit und Digitalisierung 2023: Gestaltung der Unternehmensentwicklung im Kontext der digitalen Transformation und der 17 Sustainable Development Goals, Band 4 der Schriftenreihe Hochschule Weserbergland 2023, S. 169-189.

Lappe, M./Eikelmann, T./Campana, C./Schott, E. (2015): Praxiserfahrungen und Best Practice zur Projektpriorisierung und -selektion; in: Steinle, C./Eichenberg, T. (Hrsg.): Handbuch Multiprojektmanagement und -controlling: Projekte erfolgreich strukturieren und steuern, 3. Auflage, Erich Schmidt Verlag 2015, S. 223-236.

Lukesch, C. J. (2000): Umfassendes Projektportfoliomanagement in Dienstleistungskonzernen am Beispiel eines operierenden Versicherungsunternehmens, Dissertation ETH Zürich, https://www.research-collection.ethz.ch/handle/20.500.11850/144677, Stand: 30.06.2024.

Lück, D./Landrock, U. (2019): Datenaufbereitung und Datenbereinigung in der quantitativen Sozialforschung; in: Baur, N./Blasius, J. (Hrsg.): Handbuch Methoden der empirischen Sozialforschung, 2. Auflage, Springer VS 2019, S. 457-471.

Menold, N./Bogner, K. (2015): Gestaltung von Ratingskalen in Fragebögen (SDM Survey Guidelines), GESIS – Leibniz-Institut für Sozialwissenschaften, https://www.ssoar.info/ssoar/bitstream/handle/document/39366.2/ssoar-2015-menold_et_al-Gestaltung_von_Ratingskalen_in_Fragebogen.pdf, Stand: 30.06.2024.

Pallant, J. (2020): SPSS Survival Manual: A Step by Step Guide to Data Analysis using IBM SPSS, 7. Auflage, McGraw Hill Education.

Prüfer, P./Vazansky, L/Wystup D. (2003): Antwortskalen im ALLBUS und ISSP – Eine Sammlung, ZUMA Methodenbericht 2003/11, GESIS – Leibniz-Institut für Sozialwissenschaften, https://nbn-resolving.org/urn:nbn:de:0168-ssoar-48519-4, Stand: 18.03.2024.

Puleston, J. (2012): Question Science: How to calculate the length of a survey, http://question-science.blogspot.com/2012/07/how-to-calculate-length-of-survey.html, Stand: 30.06.2024.

Revilla, M./Höhne, J. K. (2020): How long do respondents think online surveys should be? New evidence from two online panels in Germany; in: International Journal of Marketing Research, Vol. 62, No. 5, pp. 538-545.

Revilla, M./Ochoa, C. (2017): Ideal and Maximum Length for a Web Survey; in: International Journal of Marketing Research, Vol. 59, No. 5, pp. 557-565.

Seidl, J./Roeschlein, R. (2019): Projektselektion und Portfolio-Balance; in: GPM Deutsche Gesellschaft für Projektmanagement (Hrsg.): Kompetenzbasiertes Projektmanagement (PM4): Handbuch für Praxis und Weiterbildung im Projektmanagement – Band 1; S. 98-131.

Smith, L. W. (2000): Stakeholder analysis: a pivotal practice of successful projects. Paper presented at Project Management Institute Annual Seminars & Symposium, Houston, TX. Newtown Square, PA: Project Management Institute, https://www.pmi.org/learning/library/stakeholder-analysis-pivotal-practice-projects-8905, Stand: 30.06.2024.

Söhnchen, F. (2007): Common Method Variance und Single Source Bias; in: Albers, S. et al. (Hrsg.): Methodik der empirischen Forschung, 2. Auflage, Gabler 2007, S. 135-150.

Statistisches Bundesamt (2008): Klassifikationen. Gliederung der Klassifikation der Wirtschaftszweige, Ausgabe 2008 (WZ 2008), https://www.destatis.de/DE/Methoden/Klassifikationen/Gueter-Wirtschaftsklassifikationen/Downloads/gliederung-klassifikation-wz-3100130089004.pdf?__blob=publicationFile, Stand: 30.06.2024.

Statistisches Bundesamt (2024): Erwerbstätige und Arbeitnehmer nach Wirtschaftsbereichen (Inlandskonzept), https://www.destatis.de/DE/Themen/Arbeit/Arbeitsmarkt/Erwerbstaetigkeit/Tabellen/arbeitnehmer-wirtschaftsbereiche.html, Stand: 30.06.2024.

Steinle, C./Eichenberg, T. (Hrsg.) (2015): Handbuch Multiprojektmanagement und -controlling: Projekte erfolgreich strukturieren und steuern, 3. Auflage, Erich Schmidt Verlag 2015.

SurveyMonkey (2024): Einhaltung der DSGVO und des CCPA, https://de.surveymonkey.com/mp/privacy/, Stand: 30.06.2024.

Taddicken, M./Badinic, B. (2021): Die standardisierte Online-Befragung; in: Welker, M. et al. (Hrsg.), Handbuch Online-Forschung: Sozialwissenschaftliche Datengewinnung und -auswertung in digitalen Netzen, Halem Verlag, S. 151-175.

UN-Generalversammlung (2015): A/Res/70/1, Transformation unserer Welt: die Agenda 2030 für nachhaltige Entwicklung, https://www.un.org/Depts/german/gv-70/band1/ar70001.pdf, Stand: 30.06.2024.

Vereinte Nationen (2024): Ziele für nachhaltige Entwicklung, https://unric.org/de/17ziele, Stand: 30.06.2024.

Voigt, V. (2015): Ausgestaltung der Projektpriorisierung – ein engpassorientierter Ansatz; in: Steinle, C./Eichenberg, T. (Hrsg.): Handbuch Multiprojektmanagement und -controlling: Projekte erfolgreich strukturieren und steuern, 3. Auflage, Erich Schmidt Verlag 2015, S. 237-255.

von Zobeltitz, A./Eichenberg, T. (2023): Grundzüge von Nachhaltigkeit und Digitalisierung als zentrale Gestaltungsfelder einer entwicklungsorientierten Unternehmensführung; in: Eichenberg, T./von Zobeltitz, A. (Hrsg.) (2023): Trends im Management von Nachhaltigkeit und Digitalisierung 2023: Gestaltung der Unternehmensentwicklung im Kontext der digitalen Transformation und der 17 Sustainable Development Goals, Band 4 der Schriftenreihe Hochschule Weserbergland 2023, S. 1-14.

Wagner, R./Ott, W. (2019): Projekte und Projektmanagement; in: GPM Deutsche Gesellschaft für Projektmanagement (Hrsg.): Kompetenzbasiertes Projektmanagement (PM4): Handbuch für Praxis und Weiterbildung im Projektmanagement – Band 1, S. 48-69.

Wagner-Schelewsky, P./Hering, P. (2019): Online-Befragung; in: Baur, N./Blasius, J. (Hrsg.): Handbuch Methoden der empirischen Sozialforschung, 2. Auflage, Springer VS 2019, S. 787-800.

Weichbold, M. (2019): Pretest; in: Baur, N./Blasius, J. (Hrsg.): Handbuch Methoden der empirischen Sozialforschung, 2. Auflage, Springer VS 2019, S. 349-356.

World Commission on Environment and Development (1987): Our Common Future (Brundtland Report), United Nations, https://www.are.admin.ch/are/en/home/media/publications/sustainable-development/brundtland-report.html, Stand: 30.06.2024.

Fragebogen

GPM Deutsche Gesellschaft für Projektmanagement e. V.

Fragebogen zur Studie

„GPM PPM Sustainability Monitor"

GPM Projektportfoliomanagement (PPM) Sustainability Monitor

Der Begriff „Nachhaltigkeit" sowie die Sustainable Development Goals (SDG) der Vereinten Nationen (UN) finden zunehmend Einzug in Unternehmensstrategien.
Die GPM führt einen Unternehmenssurvey durch um zu untersuchen, inwiefern Unternehmen die Nachhaltigkeitsorientierung mittlerweile auch bei der Selektion und Priorisierung von Projekten im Rahmen eines Projektportfoliomanagements (PPM) zur Anwendung kommen lassen.

Das Ausfüllen dauert nur ca. 5-10 Minuten - nehmen Sie jetzt am Survey teil!

GPM Deutsche Gesellschaft für Projektmanagement e. V.

Die GPM ist ein gemeinnütziger Fachverband für Projektmanagement. 1979 gegründet bildet die GPM heute ein weitreichendes Netzwerk für Projektmanagement-Experten aus allen Bereichen der Wirtschaft, der Hochschulen und der öffentlichen Institutionen. Der Fachverband trägt wesentlich zur Professionalisierung und Weiterentwicklung des Projektmanagements in Deutschland bei und bietet umfangreiche Möglichkeiten zur Aus- und Weiterbildung sowie zur Zertifizierung im Projektmanagement. Über den Dachverband International Project Management Association (IPMA) ist die GPM weltweit vernetzt und bringt auch auf internationaler Ebene die Arbeit an Normen und Standards voran.

Falls Sie noch allgemeine Fragen haben sollten, wenden Sie sich gerne an:

Simon Staudigl
GPM Deutsche Gesellschaft für Projektmanagement e.V.
s.staudigl@gpm-ipma.de

Bei inhaltlichen Fragen, wenden Sie sich gerne an:

Prof. Dr. Martina Peuser
Leibniz-Fachhochschule Hannover
peuser@leibniz-fh.de

Leibniz FH

Prof. Dr. Timm Eichenberg
Hochschule Weserbergland Hameln
eichenberg@hsw-hameln.de

HSW Hochschule Weserbergland

1. Welche primäre **Position** nehmen Sie in Ihrem Unternehmen ein?

- ❑ Geschäftsführung / Vorstand
- ❑ Bereichs- / Abteilungsleitung
- ❑ Teamleitung
- ❑ Mitarbeiter Fachabteilung
- ❑ Leitung Project Management Office
- ❑ Mitarbeiter Project Management Office
- ❑ Projektleiter
- ❑ Projektauftraggeber
- ❑ Projektmitarbeiter
- ❑ Assistenz
- ❑ Andere (bitte angeben):

____

// Filterfrage: Umfrage startet nur bei einer der folgenden Positionen: Geschäftsführung/Vorstand, Bereichs-/Abteilungsleitung, Leitung Project Management Office, Mitarbeiter Project Management Office, Projektleiter //

A. Unternehmensdaten

2. Welcher Branche bzw. welchem Wirtschaftsbereich lässt sich Ihr Unternehmen am ehesten zuordnen?
(Zuordnung gemäß Statistischem Bundesamt!)

➔ *Gemäß Auswahlplan entsprechend zuordnen*

3. Wie viele Mitarbeiter beschäftigt Ihr Unternehmen?

[   ] *Anzahl an Mitarbeitern*

4. Wie hoch ist die Bilanzsumme Ihres Unternehmens?

- ❑ Bis zu 450.000 Euro
- ❑ 450.000 Euro bis 25 Mio. Euro
- ❑ Mehr als 25 Mio. Euro

5. Wie hoch sind die Umsatzerlöse Ihres Unternehmens?

- ❑ Bis zu 900.000 Euro
- ❑ 900.000 Euro bis 50 Mio. Euro
- ❑ Mehr als 50 Mio. Euro

6. Ist Ihr Unternehmen kapitalmarktorientiert, d.h. an der Börse notiert oder Emittent von Anleihen?

- ❑ Ja
- ❑ Nein

B. Projektportfoliomanagement im Unternehmenskontext

Unter einem **Projekt** verstehen wir einmalige, zeitlich befristete, interdisziplinäre und organisierte Vorhaben, um festgelegte Ergebnisse im Rahmen vorab definierter Anforderungen und Randbedingungen zu erzielen. Unter Projekten verstehen wir auch Vorhaben, die mit Hilfe kontinuierlicher Entwicklungsmethoden (wie z. B. Scrum, DevOps, Continuous Development/Deployment, SAFe) auf zunächst unbestimmte Zeit bearbeitet werden.

Bitte treffen Sie nachfolgend eine Einschätzung zur Projektlandschaft auf der Ebene Ihres gesamten Unternehmens. Beziehen Sie Ihre Antworten daher bitte nicht auf einzelne Bereiche, sondern versuchen Sie eine Einschätzung basierend auf sämtlichen Aktivitäten Ihres Unternehmens vorzunehmen.

7. In welchem Umfang finden die nachfolgenden Projektarten in Ihrem Unternehmen Anwendung?

	Immer / Oft / Gelegentlich / Selten / Nie
Intern: Organisations-/HR-Projekte	❑ ❑ ❑ ❑ ❑
Intern: IT-Projekte	❑ ❑ ❑ ❑ ❑
Intern: F&E-/Neuproduktentwicklungsprojekte	❑ ❑ ❑ ❑ ❑
Intern: Marketing-/Vertriebsprojekte	❑ ❑ ❑ ❑ ❑
Intern: Infrastrukturprojekte	❑ ❑ ❑ ❑ ❑
Extern: Kunden-/Auftragsprojekte	❑ ❑ ❑ ❑ ❑
Intern: Sonstige	❑ ❑ ❑ ❑ ❑
Extern: Sonstige	❑ ❑ ❑ ❑ ❑

8. Wie viele Projekte gibt es in Ihrem Unternehmen aktuell?

❑ Keine Projekte
❑ bis unter 5
❑ 5 bis unter 10
❑ 10 bis unter 20
❑ 20 bis unter 50
❑ 50 bis unter 100
❑ 100 oder mehr

Unter **Projektportfoliomanagement (PPM)** verstehen wir die permanente Planung, Priorisierung, übergreifende Steuerung und Überwachung aller Projekte einer Organisation oder eines abgeschlossenen Teilbereiches einer Organisation.

9. Gibt es in Ihrem Unternehmen ein Projektportfoliomanagement (PPM)?

❑ Ja
❑ Nein

// Filterfrage: Wenn ja, weiter mit nächster Frage. Wenn nein, weiter mit Themenblock „Nachhaltigkeit als Kriterium“ //

C. Aufbauorganisatorische Verankerung & Identifikation und Bewertung von Projekten

10. Welche Organisationseinheit oder Person übernimmt in Ihrem Unternehmen primär die Aufgaben des Projektportfoliomanagements?

- ❑ Portfoliomanager
- ❑ Portfolioboard
- ❑ Project Management Office (PMO)
- ❑ Geschäftsführung/Vorstand

11. Wie wichtig sind die folgenden Kriterien zur Bewertung von Projektideen/Projektanträgen im Rahmen des Projektportfoliomanagements?

	Entscheidend				*Überhaupt nicht wichtig*
Strategische Bedeutung	❑	❑	❑	❑	❑
Erwartete Erlöse durch das Projektergebnis	❑	❑	❑	❑	❑
Erforderliches Budget	❑	❑	❑	❑	❑
Wirtschaftlichkeit	❑	❑	❑	❑	❑
Erforderliche personelle Ressourcen	❑	❑	❑	❑	❑
Projektdauer	❑	❑	❑	❑	❑
Risiken	❑	❑	❑	❑	❑
Nachhaltigkeit	❑	❑	❑	❑	❑
Zwänge/Muss-Kriterien (z. B. juristischer oder technischer Art, interne Unternehmensrichtlinien)	❑	❑	❑	❑	❑
Abhängigkeiten zu anderen Projekten	❑	❑	❑	❑	❑

D. Nachhaltigkeit als Kriterium

Bitte beziehen Sie Ihre Antworten explizit auf das Kriterium "Nachhaltigkeit". Unter **Nachhaltigkeit** verstehen wir das dauerhafte Erhalten und Bewahren der ökologischen, sozialen, kulturellen und ökonomischen Lebensgrundlagen.

12. Wie hoch ist der Anteil an Projekten, mit denen explizit Nachhaltigkeitsziele des Unternehmens umgesetzt werden sollen?

- ❑ Es gibt keine solchen Projekte
- ❑ Unter 10% aller Projekte
- ❑ 10% bis unter 25% aller Projekte
- ❑ 25% bis unter 50% aller Projekte
- ❑ 50% bis unter 75% aller Projekte
- ❑ 75% bis unter 100% aller Projekte
- ❑ Es gibt ausschließlich solche Projekte

13. Wie wichtig ist Nachhaltigkeit als Kriterium, damit ein Projekt in Ihrem Unternehmen genehmigt wird?

Entscheidend	Sehr wichtig	Einigermaßen wichtig	Nicht sehr wichtig	Überhaupt nicht wichtig	Kann ich nicht sagen
❑	❑	❑	❑	❑	❑

14. Wie wichtig ist Nachhaltigkeit als Kriterium, damit ein bereits genehmigtes Projekt im Vergleich zu anderen Projekten priorisiert behandelt wird (z.B. bei der Zuordnung von Personal-, Sach- oder Finanzmitteln)?

Entscheidend	Sehr wichtig	Einigermaßen wichtig	Nicht sehr wichtig	Überhaupt nicht wichtig	Kann ich nicht sagen
❑	❑	❑	❑	❑	❑

15. Welche Arten von Projekten setzen explizit Nachhaltigkeitsziele des Unternehmens um?

	Immer / Oft / Gelegentlich / Selten / Nie
Intern: Organisations-/HR-Projekte	❑ ❑ ❑ ❑ ❑
Intern: IT-Projekte	❑ ❑ ❑ ❑ ❑
Intern: F&E-/Neuproduktentwicklungsprojekte	❑ ❑ ❑ ❑ ❑
Intern: Marketing-/Vertriebsprojekte	❑ ❑ ❑ ❑ ❑
Intern: Infrastrukturprojekte	❑ ❑ ❑ ❑ ❑
Extern: Kunden-/Auftragsprojekte	❑ ❑ ❑ ❑ ❑
Intern: Sonstige	❑ ❑ ❑ ❑ ❑
Extern: Sonstige	❑ ❑ ❑ ❑ ❑

E. Aktueller Status der Nachhaltigkeitsprojekte

Bitte betrachten Sie zunächst nachfolgende Abbildung und beantworten dann die dazugehörige Frage. Achten Sie dabei auf diejenigen Projekte, die schwerpunktmäßig einen Bezug zu Nachhaltigkeit aufweisen.

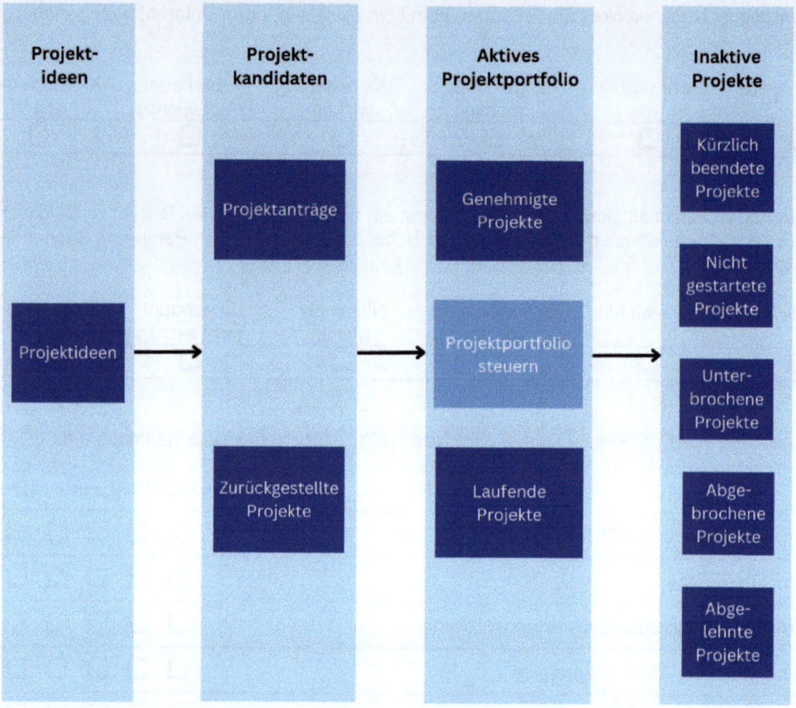

Angelehnt an: Seidl, J. & Roeschlein, R. (2019) Projektselektion und Portfolio-Balance. In: GPM Deutsche Gesellschaft für Projektmanagement (Hrsg.) Kompetenzbasiertes Projektmanagement (PM4): Handbuch für Praxis und Weiterbildung im Projektmanagement, Band 1, S. 128.

16. Wie viele Projekte mit schwerpunktmäßigem Bezug zu Nachhaltigkeit befinden sich in Ihrem Unternehmen aktuell in welchem Stadium?

	Keine Projekte	*Bis unter 5*	*5 bis unter 10*	*10 bis unter 20*	*20 bis unter 50*	*50 bis unter 100*	*100 oder mehr*
Projektideen	❑	❑	❑	❑	❑	❑	❑
Projektkandidaten	❑	❑	❑	❑	❑	❑	❑
Projekte im aktiven Projektportfolio	❑	❑	❑	❑	❑	❑	❑
Inaktive Projekte	❑	❑	❑	❑	❑	❑	❑

F. SDGs als Nachhaltigkeitskriterien

Die 17 Ziele für nachhaltige Entwicklung **(Sustainable Development Goals, SDGs)** der Vereinten Nationen definieren Handlungsfelder, um eine globale nachhaltige Gestaltung der Wirtschaft, Umwelt und Gesellschaft zu erreichen.

Aus: Informationszentrum der UN (2023): Ziele für eine Nachhaltige Entwicklung, Verfügbar unter: https://unric.org/de/17ziele/.

17. Werden Sustainable Development Goals (SDGs) im Rahmen des Projektportfoliomanagements (PPM) in Ihrem Unternehmen als Kriterien zur Selektion/Auswahl von Projekten verwendet?

❑ Ja

❑ Nein

❑ Weiß ich nicht

// Filterfrage: Wenn ja, weiter mit nächster Frage. Wenn nein oder weiß ich nicht, weiter mit Themenblock „Schwerpunkte in den SDGs“ //

18. Wie wichtig sind die Sustainable Development Goals (SDGs) im Rahmen des Projektportfoliomanagements (PPM) in Ihrem Unternehmen als Kriterien zur Selektion/Auswahl von Projekten?

Äußerst wichtig	Sehr wichtig	Einigermaßen wichtig	Nicht sehr wichtig	Überhaupt nicht wichtig	Kann ich nicht sagen
❑	❑	❑	❑	❑	❑

G. Schwerpunkte in den SDGs

19. Innerhalb welcher Sustainable Development Goals (SDGs) liegen Schwerpunkte von aktuell laufenden oder innerhalb der letzten 12 Monate abgeschlossenen Projekten in Ihrem Unternehmen?

❑ Ziel 1: Keine Armut

❑ Ziel 2: Kein Hunger

❑ Ziel 3: Gesundheit und Wohlergehen

❑ Ziel 4: Hochwertige Bildung

❑ Ziel 5: Geschlechtergerechtigkeit

❑ Ziel 6: Sauberes Wasser und Sanitäreinrichtungen

❑ Ziel 7: Bezahlbare und saubere Energie

❑ Ziel 8: Menschenwürdige Arbeit und Wirtschaftswachstum

❑ Ziel 9: Industrie, Innovation und Infrastruktur
❑ Ziel 10: Weniger Ungleichheiten
❑ Ziel 11: Nachhaltige Städte und Gemeinden
❑ Ziel 12: Verantwortung bei Konsum und Produktion
❑ Ziel 13: Klimamaßnahmen
❑ Ziel 14: Leben unter Wasser
❑ Ziel 15: Leben an Land
❑ Ziel 16: Frieden, Gerechtigkeit und starke Institutionen
❑ Ziel 17: Partnerschaften zur Erreichung der Ziele
❑ In keinem

H. Weitere Nachhaltigkeitsanforderungen

20. Wie ist der Stand des primären Projektes in Ihrem Unternehmen, das sich mit folgenden Gesetzgebungen befasst?

	Projekt befindet sich in der Initialisierungsphase	*Projekt befindet sich in der Planungsphase*	*Projekt befindet sich in der Umsetzungsphase*	*Projekt ist bereits abgeschlossen*	*Es ist derzeit kein Projekt avisiert*	*Weiß ich nicht*
Taxonomieverordnung zu nachhaltigen Investitionen der EU („EU-Taxonomie“)	❑	❑	❑	❑	❑	❑
Sustainable Finance Disclosure Regulation (SFDR)	❑	❑	❑	❑	❑	❑
Nachhaltigkeitsberichterstattung gemäß Corporate Sustainability Reporting Directive (CSRD)	❑	❑	❑	❑	❑	❑
Lieferkettensorgfaltspflichtengesetz (LkSG)	❑	❑	❑	❑	❑	❑
Deutscher Corporate Governance Kodex	❑	❑	❑	❑	❑	❑
Deutscher Nachhaltigkeitskodex	❑	❑	❑	❑	❑	❑
Global Reporting Initiative (GRI)	❑	❑	❑	❑	❑	❑
Energieverbrauchsrelevante-Produkte-Gesetz (Ökodesign-Richtlinie)	❑	❑	❑	❑	❑	❑
Greenhouse Gas Protokoll (Emissionen Scope 1, 2 und 3)	❑	❑	❑	❑	❑	❑

I. Stakeholder und ihre Interessen

21. Wie wichtig ist Nachhaltigkeit als Kriterium für die folgenden Stakeholder, damit diese ein Projekt Ihres Unternehmens als positiv einstufen?

	Äußerst wichtig	*Sehr wichtig*	*Einigermaßen wichtig*	*Nicht sehr wichtig*	*Überhaupt nicht wichtig*	*Kann ich nicht sagen*
Kunden	❑	❑	❑	❑	❑	❑
Fremdkapitalgeber	❑	❑	❑	❑	❑	❑
Eigenkapitalgeber/Eigentümer	❑	❑	❑	❑	❑	❑
Lieferanten	❑	❑	❑	❑	❑	❑
Allgemeine Öffentlichkeit	❑	❑	❑	❑	❑	❑
Politik	❑	❑	❑	❑	❑	❑
Betriebliche Mitbestimmung/Gewerkschaften	❑	❑	❑	❑	❑	❑
Mitarbeiter	❑	❑	❑	❑	❑	❑
Unternehmensleitung	❑	❑	❑	❑	❑	❑
Auftraggeber	❑	❑	❑	❑	❑	❑
Projektmanager	❑	❑	❑	❑	❑	❑
Projektmitarbeiter/Projektteam	❑	❑	❑	❑	❑	❑

J. Messung von Kriterien

22. Wie intensiv erfolgt eine Messung der **Einhaltung von Nachhaltigkeitskriterien** von **beendeten Projekten** in Ihrem Unternehmen?

Immer	Oft	Gelegentlich	Selten	Nie
❑	❑	❑	❑	❑

23. Wie intensiv erfolgt eine Messung des **Erfolgs von Nachhaltigkeitszielsetzung** von **beendeten Projekten** in Ihrem Unternehmen?

Immer	Oft	Gelegentlich	Selten	Nie
❑	❑	❑	❑	❑

K. Angaben zur Person

24. In welchem Bereich/Abteilung sind Sie tätig?

❑ Geschäftsführung / Vorstand

❑ Sustainability/Nachhaltigkeits-Abteilung

❑ Project Management Office (PMO)

❑ Andere (bitte angeben):

____

25. Welche primäre **Position** nehmen Sie in Ihrem Unternehmen ein?

- ❑ Geschäftsführung / Vorstand
- ❑ Bereichs- / Abteilungsleitung
- ❑ Teamleitung
- ❑ Mitarbeiter Fachabteilung
- ❑ Leitung Project Management Office
- ❑ Mitarbeiter Project Management Office
- ❑ Projektleiter
- ❑ Projektauftraggeber
- ❑ Projektmitarbeiter
- ❑ Assistenz
- ❑ Andere (bitte angeben): ____________________

26. Sind Sie bereits Mitglied der GPM?

- ❑ Ja
- ❑ Nein

27. Gibt es noch etwas zum Thema, dass Sie uns mitteilen möchten?

Vielen herzlichen Dank für Ihre Teilnahme am Survey zum GPM PPM Sustainability Monitor!

Abbildungsverzeichnis

Tabellenverzeichnis